KB133704

아니야,
문제는
안보리더십이야

아니야,
문제는
안보리더십이야

- 2030안보연구회 -

이 작은 노력이
우리나라가 처한 미증유의 안보위기를
이겨내는 데 보탬이 되길 바라며

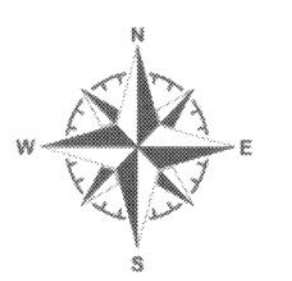

우리는 불과 110여 년 전에 국권을 상실했던 뼈아픈 경험을 지닌 사람들이다. 대한제국의 마지막 날, 서울의 모습, 그것은 5천년을 이어온 그 찬란했던 문화민족의 터전이 한꺼번에 무너져내린 처참한 장면이었다. 이 역사적 사실을 우리는 도저히 잊을 수 없다. 다시는 반복하지 말아야 한다.

이 비극을 자초한 우리에게는 적어도 세 가지 뚜렷한 잘못이 있었다고 생각한다. 첫째, 주변국의 군사적 위협을 파악하지 못했다는 것이다. 국가의 지도자들이 적을 몰라도 너무 몰랐기 때문이다. 둘째, 유사시 적을 물리칠 상비군을 양성해두지 못했다는 것이다. 새로운 과학기술과 새로운 전투기술이 융합하여, 군사력은 끊임없이 진화하고 있다. 특히 산업혁명

이후 군사력의 진화 속도는 무섭게 빨라지고 있었다. 이 경쟁 마당에 조선은 낙오자가 되어버렸다. 셋째, 위급할 때 도와줄 동맹국이 하나도 없었다는 것이다. 다급했던 고종이 외부의 도움을 찾아 동분서주했다는 기록이 남아 있다. 동맹이란 위급할 때 서로 돕자는 약속이다. 위기가 닥쳤을 때 도움을 받으려면, 평시에 관리해두어야 한다. 그 절박한 상황에서 아무도 그를 도와주지 않았다. 사실 도와줄 수도 없었다. 참으로 아쉬웠던 것은 이런 문제를 미리 내다보면서 국력을 결집하고 대비태세를 다져나갔어야할 국가 지도력이 없었다는 것이다.

일반적으로 위협은 상대방의 능력과 의지를 나누어 평가한다. 당시 일본의 군사력이 날로 팽창하고 있다는 것은 주변국이 다 보고 있었던 사실이다.

이 군사적 능력이 주변국을 위협할 것이 자명한데, 비록 일본 정부의 의지가 명확하게 드러나지 않았다 하더라도, 조선왕조의 지도자들은 당연히 대비태세를 강화하는 데 국력을 모았어야 마땅했다.

오늘 우리는 북한의 핵 능력을 주목해야 한다. 여섯 번이나 핵실험을 한 북한은 적어도 수십 개의 핵폭탄을 갖고 있다고 판단된다. 만약 북한이 그중 10개를 꺼내어 대한민국 10대 주요도시를 공격하면, 우리의 강산은 제2차 세계대전 말에 원자탄을 맞았던 히로시마(廣島)보다 더 비참하게 파괴될 것이다. 물론 북한도 그에 상응한 보복을 받게 되어 공멸하게 되겠지만, 이런 북한 핵능력이 우리가 당면한 위협의 실체라는 사실을 우리는 직시해야 한다.

지난 70년 동안 북한은 대남 무력통일 노선을 일관되게 추진해왔다. 우리는 여러 차례 위기를 경험했지만, 가장 긴장했던 때는 1973년 미국과 월맹이 파리평화협정을 체결하고 미군이 철수한 후 전개되었던 월남의 패망 과정이 한반도에 큰 충격을 주었을 당시였다. 파리평화협정 체결 2년 후인 1975년, 월맹군의 공격으로 월남은 패망했다. 그 무렵 북한은 구소련으로부터, MIG 23, SU-25 등 당시로서는 최첨단무기를 대거 도입한 후, 한미동맹의 강도를 시험해보고 있었다. 판문점 도끼만행사건이 이때 일어났다. 1976년 8월 18일, 판문점 공동경비구역 내에서 북한군 병사가 도끼로 미군 소대장의 머리를 때려서 살해한 것이다. 이렇게 잔인하게 테러를 자행한 것은 월남전 이후 혼란에 빠져 있었던 미국인들의 감정을 극도로 자극하여 반응을 시험해 보려 했던 것으로 판단된다.

이때 한미 양국 정부의 반응은 단호했지만, 신중했다. 한미동맹군이 모두 DEFCON-3(전투준비태세 3급) 상태에 돌입한 후 항모전단을 동해상에 배치해둔 상태에서 판문점 사건 현장에서 문제의 미루나무를 절단하고, 북한의 사과를 요구한 것이었다. 결과적으로 이 위기는 김일성의 사과로 끝이 났다. 한미 양국의 단호한 대응에 북한이 물러섰던 것이다. 국군통수권자의 결단력과 온 국민을 하나 되게 한 지도력, 그리고 한미연합군의 체계적인 전투준비태세가 함께 이루어낸 결과였다고 생각한다.

그럼에도 불구하고 북한이 대량으로 도입해두었던 첨단무기들로 인해 남북한의 군사력 균형은 심하게 기울어져 있었다. 이 불균형 상태를 관리하기 위해 우리는 한미연합군사령부를 창설했다. 무기를 도입하여 남북한 간 군사력의 불균형 상태를 개선하는 방법 대신에 유사시 동맹군을 지휘·통제할 연합지휘기구를 만들어 신속히 대응할 수 있도록 했던 것이다. 이 체제가 지난 40여 년간 한반도의 안전과 지역 안정을 지켜온 세계적으로도 인정받고 있는 한미연합군사령부다.

지금 북한의 핵 능력으로 인해 만들어진 남북한 간 군사력의 불균형은 1970년대의 그것과는 비교할 수도 없을 만큼 심각하다. 지금 이런 위기 속에서도 한국의 방어태세가 유지되고 있는 것은 한미연합군사령부의 효과적인 연합작전체제와 미국이 제공하는 확장된 억제력 때문이라고 할 수 있다. 종래의 연합방위태세에 더하여 미국이 제공하는 핵우산을 씌워놓은 것이다.

현 상황에서 북한을 자세히 들여다볼 필요가 있다. 북한이 고집스럽게 핵을 쥐고 있음으로써 치러야 하는 대가는 엄청나다. 유엔 안보리가 결의한 11번의 제재안이 동시에 북한을 압박하고 있다. 사실 북한이 그 핵만 포기하면, 제재가 풀리는 것은 물론, 핵개발로 인한 처벌은커녕 오히려 엄청난 보상이 예상된다. 그럼에도 불구하고 북한이 굳이 핵을 움켜쥐고 가겠다는 의도를 우리는 정확하게 읽어야 한다.

한미동맹군은 대한민국이 외국을 대상으로 침략전쟁을 할 경우에는 작동하지 않는다. 북한도 그 내용을 잘 알고 있다. 따라서 북한이 만약 핵을 포기하면 대한민국이 전쟁을 도발하여 북한이 망한다고 생각하기 때문에 북한이 핵을 쥐고 있는 것이라는 주장은 틀린 말이다. 북한은 가끔 미국의 공격을 막기 위해 핵을 개발한다는 논리를 펴고 있는데, 이 역시 전혀 근거 없는 주장이다. 중국이나 러시아의 공격이 예상되어 핵을 갖고 있어야 한다고 생각하는 것도 물론 아니다. 그렇다면 왜 이런 엄청난 대가를 치르면서 고집스럽게 핵을 쥐고 있는가? 오직 한반도 적화통일을 위한 강력한 수단이라고 생각하기 때문이다. 이 핵 능력을 배경으로 자기들이 주도하는 통일을 이룩하겠다는 것이다. 북한이 선전하는 소위 "정의의 핵보검"이라는 말이 바로 그런 뜻이다. 그렇기 때문에 북한의 핵은 방어수단이 아니라 공격수단이고, 평화의 방패가 아니라 전쟁을 위해 쥐고 있는 소위 그들의 보검이다. 따라서 북한이 핵을 갖고 있는 한, 한반도에는 언제든지 전쟁이 일어날 수 있는 전쟁 전야의 상황이 계속된다는 판단이 정확하다. 따라서 북한이 한 손에 핵을 쥐고, 다른 한 손으로 악수를 하자고 내민 그 손을 평화라고 생각하고 잡으면, 우리는 그들이 말하는 핵보검의 희생물이 되고 말 것이다.

이렇게 위험한 상황에서 우리는 내년 봄까지 새로운 대통령을 뽑아야 한다. 안보전문가의 입장에서는 국군통수권자를 선발한다는 것이 매우 중요한 의미를 지니고 있다.

북한 핵을 위협으로 보는 지도자의 안보정책과, 위협이 아니라고 주장하는 지도자의 안보정책은 엄청나게 다르다. '북한 비핵화'라는 말과 '한반도 비핵화'라는 말은 겉모양으로는 비슷하지만, 내용은 전혀 다른 의미를 지니고 있다. 이런 문제에 대한 정치지도자의 인식과 견해에 따라 대한민국의 진로와 운명이 결정된다. 그렇다면 이런 문제에 대해 국민은 정확히 알고 있어야 한다. 그래야만 대한민국이 이 위기를 이겨낼 수 있기 때문이다.

2021년 봄부터 몇몇 안보전문가들이 모여 우리나라가 당면한 안보위기와 대책을 다각도로 검토했다. 지도자를 선택하는 것은 국민의 몫이다. 그러나 일반 국민들이 복잡하게 얽힌 안보 문제를 정확하게 이해할 수 있도록 자료를 모아 정리해서 설명해주는 것은 안보전문가의 몫이다.

국가의 안보위기를 극복하는 일에 여·야가 다를 수 없다. 어느 나라든지 국가의 안보 문제는 정파를 초월하는 것이다. 이 일을 위해 자원봉사를 하겠다고 나선 사람들이 '2030안보연구회'를 구성하고 한 분야씩 맡아서 핵심 과제를 골라 정리했다.

생각해보면 우리나라의 미래는 2030세대들의 손에 달려 있다. 유사시 나라를 지키기 위해 총을 들고 앞장설 세대는 2030세대들이다. 또한 북한을 변화시켜서 남북한이 자유민주주의로 통일되도록 만들 주역도 결국 2030세대들이다.

한편, 격동하는 국제 정세 속에서 앞으로의 10년이 우리 민족사에 매우 중요한 시기가 될 것이다. 그렇다면 2030년 전후가 결정적 의미를 지닌다고 판단된다. 2030세대가 우리 미래의 주역이라는 점과, 2030년을 미리 준비한다는 의미를 모두 담아서 '2030안보연구회'라 이름 지었다.

이 작은 노력이 우리나라가 처한 미증유의 안보위기를 이겨내는 데 하나의 보탬이 되길 바란다. 끝으로 우리의 노력에 참여하여 격려해주시고 지원해주신 국가원로회의와 대수장(대한민국수호예비역장성단)에 감사를 드린다.

중대한 선택의 시간이다

김충남

내우외환의 위기로 나라가 벼랑 끝에 선 가운데 대통령선거전이 가열되고 있다. 그런데 유권자들은 골치가 아프기 시작한다. 그동안 몇 차례 대통령을 잘못 뽑아서 나라가 계속 내리막길로 치닫게 되었는데, 이번에 어떤 인물을 대통령으로 선출해야 나라를 바로 세우고 안정시킬 수 있을지 알 수 없기 때문이다.

한국 민주주의는 아시아의 모범 사례라고 하지만, 우리 선거문화는 후진적이다. 처음부터 인신공격, 흑색선전 등 네거티브 위주의 과열경쟁 양상으로 흐르면서 선거가 혼탁하기 짝이 없다. TV토론이 있긴 하지만 상대방 약점만 파고드는 등 지엽적인 문제에만 치중한 나머지 당면한 국가적 과제가 무엇이고 그것을 어떻게 해결할 것인지에 대한 논의는 뒷전으로 밀리기 일쑤다. 이로 인해 대통령 후보들이 어떤 삶을 살았으며 어떤 철학과 정치이념을 가지고 있고 어떤 비전과 공약을 제시하고 있는지 제대로 따져보지도 못하고 선거에 임하게 되는 경우가 적지 않다.

여론이나 공론도 길잡이가 되지 못한다. 신문, 방송은 기울어진 운동장이라 할 만큼 편향된 기사를 쏟아내고 있고, 사회도 진영논리로 쫙 갈라져서 객관적 진실이 설 땅이 없다. 더구나 우리 편은 무조건 옳고 반대편은 무조건 배척한다. 드루킹 사건에서 알 수 있듯이 지금도 여론 조작과 여론조사 조작이 암암리에 이뤄지고 있는지도 모른다. 이런 상황에서 유권자들이 어떻게 후보자들을 판별하여 최선의 지도자를 선택할 수 있겠는가? 참으로 걱정이 아닐 수 없다.

미국 대통령에 대한 전기(傳記)를 써서 퓰리처상(Pulitzer Prize)을 받은 10명의 저명한 작가들이 공동으로 책을 썼는데, 이들이 만장일치로 택한 제목은 『성품보다 중요한 것은 없다(Character Above All)』이다. 대통령 후보를 검증한다면서 경제에 밝다느니, 외교에 강하다느니, 법률 지식이 풍부하다느니, 잘생겼다느니, 말을 잘한다느니 등, 이미지에 치우친 대통령 선택의 위험성을 경고하기 위한 목적이었다. 이들은 대통령 후보가 어떤 환경에서 어떻게 성장했으며, 어떤 성품을 가진 사람인지 모른 채 위장된 이미지 홍보에 현혹되어 대통령을 뽑는 것은 대통령 의자에 시한폭탄을 장치해놓은 것처럼 위험한 일이라고 했다. 우리나라야말로 대통령을 잘못 뽑아 국민이 대통령을 걱정하고 나라는 계속 내리막길로 치닫고 있는 것이 아닌가?

대통령 리스크, 더 이상 용납 안 된다

국민이 지도자를 직접 선출하는 민주제도는 좋은 제도다. 그렇지만 민주제도는 어려운 제도이고 자칫하면 무서운 결과를 초래할 수도 있는 제도다. 민주제도 하에서 누구나 대통령 후보가 될 수 있지만, 유권자는 아무렇게나 대통령을 뽑아서는 안 된다. 자기 집안의 집사를 뽑을 때도 꼼꼼히 따져보고 뽑거늘 나라를 이끌어갈 지도자를 제대로 따져보지 않고 뽑을 수 없는 일이다.

'대통령 리스크(risk)'라는 말이 있다. 대통령을 잘못 뽑으면 그로 인한 피해는 상상하기 어려울 정도로 크다는 뜻이다. 모든 국민이 고통받게 될 뿐 아니라 나라까지 위태롭게 될 수 있다. 20년 전 베네수엘라 사람들은 우고 차베스(Hugo Chavez)를 가난한 사람들의 구세주로 여기며 대통령으로 뽑았다. 그러나 그는 원유 매장량 세계 제1의 나라를 10여 년 만에 국민 95%가 하루 두 끼도 해결하지 못하는 '거지의 나라'로 전락시켰다. 베네수엘라인들이 대통령을 잘못 뽑았다고 후회했을 때는 이미 늦었다. 그럼에도 당시 한국 진보진영은 차베스를 영웅시하며 노무현 대통령은 차베스에게 배워야 한다고 했다.

2016년 미국 국민들은 '위대한 미국 재건'을 구호로 내건 도널드 트럼프(Donald Trump)를 대통령으로 선출했지만, 결국 잘못된 선택이었다는 것이 드러났다. 세계 제1의 부국이며 첨단 의료시설을 자랑하던 미국은 코로나 팬더믹을 맞아 수십만 명의 인명피해와 천문학적 규모의 경제적 피해가 발생함으로써 세계 최대 최악의 코로나 감염 국가라는 오명을 얻은 동시에 국제적 위상도 크게 추락했다.

아프간 정권의 갑작스런 몰락 원인으로 아슈라프 가니(Ashraf Ghani) 대통령의 리더십이 도마에 올랐다. 그는 카불 함락 직전 국외로 탈출한 후 "유혈사태를 막기 위해 떠날 수밖에 없었다"고 했다. 군 통수권자가 장병들에게 싸우지 말라고 한 것이나 마찬가지다. 토니 블링컨(Tony Blinken) 미 국무장관은 "가니 대통령은 나와의 통화에서 '죽기 살기로 싸우겠다'고 하고선 그 다음날 가버렸다"고 했다. 가니 대통령은 주요 도시가 연이어 함락되고 있었을 때에도 대통령궁 잔디에서 독서로 시간을 보내고 있었을 뿐 결사항전을 위한 리더십은 찾아볼 수 없었다.

가니는 1964년부터 2009년까지 미국 시민권을 가지고 있었고 문화인류학을 전공한 후 1980년대에는 미국 대학의 교수로, 1990년대에는 세계은행에서 일했다. 아프간의 카르자이(Hamid Karzai) 정부에서는 재무장관을 지낸 바 있다. 그는 실패한 국가의 재건 전문가일지 모르나 극도의 혼란 상황을 헤쳐나갈 수 있는 카리스마도 외교안보 문제를 다룰 역량도 없었다. 그의 안보보좌관도 함량 미달이었다. 그의 안보보좌관 함둘라 모히브(Hamdullah Mohib)는 영국에서 공학박사를 취득했고 영국 시민권도 가지고 있었지만 군사 경력은 전혀 없었다.

우리의 현실도 매우 우려스럽다. 지난 몇 십 년을 되돌아보면, 대통령들에 대한 기대는 컸지만 결국 잘못 뽑았다는 후회로 끝나고 말았다. 연이은 대통령 리더십 실패로 나라와 국민은 벼랑 끝에 서 있다. 그래서 대통령제를 없애자는 주장이 빈번히 등장한다. 대통령들만의 잘못인가? 잘못 선택했던 우리 유권자들은 책임이 없는가?

이번 대선에서 또다시 지도자를 잘못 선택하면 나라가 벼랑으로 떨어질지도 모른다. 지난 과오를 더 이상 되풀이해서는 안 된다. 대통령 리스크가 더 이상 계속된다면 미래는 암담할 뿐이고 후손들에게도 큰 죄를 짓게 된다.

안보리더십, 한국 대통령의 필수 자질이다

세계 2대 화약고로 불리는 한국의 대통령에게는 특별한 자질이 요구되고 있다. 그것은 바로 안보리더십이다. **헌법 제66조 2항은 "대통령은 국가의 독립, 영토의 보전, 국가의 계속성과 헌법을 수호할 책무를 진다"고 국가안보 책임을 명시하고 있고, 헌법 제74조는 대통령을 국군 통수권자로 규정하고 있다.** 군대는 국가안보의 핵심적 수단이기 때문에 대통령에게 국군 최고사령관의 책임을 부여하고 있는 것이다. 국내 문제는 잘못되어도 고칠 수 있지만, 외교안보정책은 잘못되면 고치기도 어렵고, 심지어 돌이킬 수 없는 파멸에 이르게 할 수 있다. 왜냐하면, 잘못된 외교안보정책은 적대세력을 이롭게 할 수 있으며, 최악의 경우 국민을 죽음과 절망으로 내몰고 나라를 패망의 길로 몰아넣을 수 있기 때문이다.

역사적 경험이나 한국이 처한 현실에서 볼 때, 대통령에게 안보보다 더 중요한 것은 없다. 조선의 역사를 되돌아보자. 숭문천무(崇文賤武)의 이념 아래 국가의 안위는 중국에 의존했다. 임진왜란이 일어나자 명나라에 원군을 요청했고, 1882년 임오군란 때도 청나라에 원군을 요청했다. 이에 대응하여 일본도 자국 공관을 보호한다는 명분으로 군대를 파견했다. 제대로 된 군사력이 없는 나라에서 외국 군대를 불러들인 건 사실상 주권의 포기였다. 그때부터 청나라는 26세의 위안스카이(袁世凱)를 앞세워 조선을 속국(屬國) 취급했다. 1894년의 동학농민운동 당시에도 조정의 요청으로 청나라 군대가 들어왔고 이에 대응하여 일본도 군대를 보냈다. 그 결과로 청나라와 일본 간에 조선 쟁탈을 위한 전쟁이 벌어졌던 것이다. 이때부터 조선은 이미 죽은 나라나 마찬가지였다. 명성황후가 일본 칼잡이들에 의해 희생되었고, 고종 임금은 러시아 공관에 1년간 피신해 있어야만 했다.

일본에 국권을 침탈당할 무렵 조선에는 나라를 보위할 수 있는 군사력이 없었다. 1905년 '을사보호조약'은 일본군 기병연대와 포병대대가 한양 성내를 완전히 장악한 가운데 이뤄졌다. 1910년의 '합병조약'도 일본 군대의 위협 하에 강요되었다. 당시 조선 군대는 중앙군 4,215명, 지방군 4,305명, 헌병 265명 등 8,785명에 불과했다.

대한민국 건국 후에도 군사력이 취약하여 북한의 남침을 당했다. 지금도 남북 간 팽팽한 대치가 계속되고 있는 가운데 북한은 핵무기와 탄도미사일 등 가공할 군사력을 계속 증강하고 있을 뿐 아니라 천안함 폭침과 연평도 포격 등 정면공격도 서슴지 않았다. 더구나 한국은 강대국들로 둘러싸인 지정학적 취약성이 큰 나라로서 미국과 중국 중심의 신냉전이 벌어지고 있는 상황에서 국가생존전략을 재점검하는 것이 시급하다. 이처럼 한국은 어느 나라보다 외교안보정책이 중요한 나라다. 따라서 외교안보를 다룰 줄 아는 역량은 대통령 자질 중에서 가장 중요하다.

국제 사회는 한반도 안보 상황을 "한국전쟁 이래 가장 위험한 상태"라고 진단하고 있다. 그런데 과연 우리나라가 외부 위협으로부터 국가와 국민을 방어할 수 있는 역량을 구비하고 있다고 자신 있게 말할 수 있는가? 안보는 죽느냐 사느냐의 문제다. 경제가 중요하다고 하지만 안보가 흔들리면 경제는 말할 것도 없고 모든 것이 흔들리게 된다. 그래서 대통령 안보리더십은 100만 대군보다 중요하다는 말이 있고, 무능한 지휘관은 적보다 무섭다는 말이 있다. 그래서 우리는 믿음직한 안보리더십을 기대할 수 있는 대통령을 선출해야 한다.

안보리더십은 단순한 문제가 아니다. 역사관과 국가관, 한미동맹에 대한 인식, 그리고 통일 문제를 포함한 대북관을 종합해서 판단할 문제다. 대한민국의 정통성에 회의적이고 북한에 대해서는 무조건 화해 · 협력하고 통일해야만 할 대상이라고 생각한다면 제대로 된 안보리더십을 기대하기 어렵다. 더구나 대통령의 안보리더십은 소속 정당과 지지단체들의 노선에 의해 크게 영향 받는다. 그들 중에서 관계 장관과 참모들이 임명되기 때문이다. 현 집권세력의 지지 세력에는 과거의 이적단체, 친북 · 반미단체, 또는 국가정체성이 불분명한 단체들이 적지 않다. 이렇게 볼 때, 표면적인 외교안보 공약만으로 대통령 후보를 판단할 문제가 아니다.

이 책은 먼저 최근 대통령들의 안보리더십을 냉철히 평가하고자 한다. 이어서 북한의 정치적·군사적 위협, 북한 핵미사일 위협의 심각성, 한국 안보의 주축인 한미동맹, 안보와 긴밀한 역학관계에 있는 통일 문제 등 대통령 안보리더십에 직결된 문제들을 살펴본 후 우리 안보태세의 실태와 강화 방안을 살펴보고자 한다.

| 차 례 |

제1장

안보리더십이 실종된 것은 아닌가?

김충남

National Security Leadership

한국은 제2차 세계대전 이후 가장 치열한 전쟁을 겪었으며, 지금까지도 휴전상태에서 북한과 군사적으로 팽팽히 대치하고 있다. 최근에 와서 북한이 핵무기 등 첨단군사력을 증강하고 모험적인 대외정책에 나서고 있어 한반도 긴장은 그 어느 때보다 높아졌다. 그럼에도 한국 사회는 부동산 문제, 교육 문제, 복지 문제 등 내부 문제들을 둘러싼 논란에만 휩싸여 있을 뿐 북한의 위협 등 외교안보 위기에 대해서는 별 관심이 없는 것 같다. 안보불감증이 팽배해 있기 때문이다. 왜 이렇게 되었는가?

민주화세력이 국가안보를 부정적으로 인식하다

한국 현대사는 공산세력과의 대결 등 국가안보, 최빈국에서 현대 산업국가로 발돋움한 경제발전, 민주주의 불모지에서의 민주발전 등 3대 과업을 이룩한 역사로 평가된다. 이 과정에서 호국안보세력, 산업화세력, 민주화세력이 각각 주도적 역할을 했다고 볼 수 있다.

6·25전쟁을 겪으면서 국가안보가 국가의 중심 아젠다가 되었고, 70만 대군이 육성되면서 군부세력의 영향력이 커졌다. 뒤이어 쿠데타를 통해 권력을 장악한 군부세력은 경제발전 제일주의를 내세우며 민주화운동을 억압하는 가운데 장기

집권했으며, 박정희 대통령 서거 후에도 군 출신이 연이어 집권했다. 이에 대항하여 야당은 물론 지식인, 대학생 등을 중심으로 민주화운동이 계속되었으며, '군사독재 타도'는 그들의 핵심 구호였다.

그 결과 민주화세력은 호국안보세력 나아가 군대를 적대시하거나 부정적으로 인식하게 된 것이다. 여기에는 군대를 천시해온 유교적 전통도 작용했다고 본다. 국가안보가 보장되지 않고는 민주주의도 존재할 수 없다. 따라서 민주세력과 안보세력은 서로 적대시해야 할 대상이 아니다. 그럼에도 그렇게 된 것은 한국 현대사의 아이러니가 아닐 수 없다.

민주화세력에는 다양한 세력들이 포함되어 있는데, 이들을 통틀어 운동권세력 또는 586세력이라 한다. 그들 중에는 민주화를 위해 노력한 사람들이 적지 않지만 이적단체, 남북통일을 우선시하고 주한미군 철수를 주장하는 단체, 심지어 김일성 추체사상을 맹종하는 세력도 있다. 북한의 '남조선혁명' 노선이 우리 민주화운동에 침투하는 데 성공했다는 증표이기도 하다.

운동권세력의 이념노선은 왜곡된 역사인식에 바탕을 두고 있다. 대한민국의 역사는 '민족분단사'에 불과하다면서 대한민국의 정통성을 사실상 부정한다. 그들은 대한민국의 건국이 민족의 분열을 초래했으며 이승만 대통령을 분단의 원흉이라 주장하고, 반공·안보정책은 분단을 지속시키고 민족 간 증오와 대결을 조장해왔다고 비판하며, 주한미군도 통일의 장애요인이라며 철수를 주장한다. 또한 그들은 이승만 정권과 박정희 정권은 반민족세력인 친일세력 또는 분단세력이 주도해왔기 때문에 정통성이 없다고 주장해왔다.

특히 문재인 대통령이 존경한다고 하는 리영희는 "북한은 친일세력을 청산한 반면 한국은 친일세력이 지배세력으로 군림해왔다"면서 한국보다는 북한을 정통성 있는 국가로 인식한 바 있다. 이처럼 운동권세력은 민족정체성을 회복하는 유일한 길은 통일이라면서 과거의 반공·안보정책을 반민족적·반통일적 정책으로 비난해왔다. 문재인 대통령은 베트남전에서 미국의 패배와 남베트남의 공산화에 대해 "희열을 느꼈다"고 하는 등 베트남의 적화통일을 긍정적으로 인식했다. 요컨대, 집권세력의 역사관은 그들의 국가관과 대북관은 물론 한미동맹을 포함한 외교안보정책에 결정적으로 영향을 미친다는 것이다.

좌파정권이 남북관계 개선에 집착하고 있는 배경을 이해하기 위해서는 그들의 안보의식을 살펴볼 필요가 있다. 그들은 북한을 같은 민족일 뿐 아니라 통일의 파트너로 보기 때문에 북한이 우리나라에 안보위협을 가하는 존재라는 인식이 희박하고, 남북 간 체제이념의 차이도 별것 아니라고 생각한다. 또한 그들은 과거 보수정권이 안보를 정치적 목적에서 악용해 왔다며 안보에 대해 부정적 인식을 가지고 있다. 다시 말하면, 안보는 민주주의에 배치될 뿐 아니라 반평화·반민족·반통일적이라고 생각하는 경향이 있다. 그래서 군대를 위시한 국가안보기관을 수시로 숙정 또는 적폐청산의 대상으로 삼기도 했다.

이처럼 좌파정권에서는 남북관계를 정치적으로 이용하는 '안보의 정치화' 현상이 엄연한 현실이 되고 있다. 정상적인 나라에서는 있을 수 없는 일이다.

아직도 낡은 반공 이념에 사로잡혀 있느냐고?

역사를 돌이켜보면, 임진왜란, 병자호란 같은 국가의 명운이 걸린 위급한 시기에도 조선의 양반 사대부들이 권력투쟁에 급급해 있었던 것처럼, 오늘날 우리 사회는 북한이 수시로 미사일을 날리는 등 핵 위협을 가하고 있음에도 불구하고 부동산 대란에만 촉각을 곤두세우고 있다. 정상이라 할 수 없다.

더 큰 문제는 안보가 중요하다는 주장을 펴면 좌파세력은 물론 일반 국민 중에도 그것은 냉전시대의 낡은 반공(反共) 이데올로기라고 비난하는 사람들이 있다는 것이다. 이처럼 노년세대를 제외하고는 안보불감증이 널리 퍼져 있다. 우려할 만

한 현상이라 하지 않을 수 없다.

이같이 된 데에는 적어도 세 가지 원인이 있다고 본다. 첫째, 소련을 위시한 동유럽 공산권이 붕괴되고 중국과 베트남이 시장경제를 채택하는 등 냉전이 끝났기 때문이다. 냉전시대의 반공논리는 더 이상 의미가 없다는 것이다.

둘째, 남북 간 체제경쟁에서 한국이 완전한 승리를 거두었기 때문에 북한을 더 이상 두려워할 이유가 없다고 보기 때문이다.

셋째, 주한미군에 대한 의존 심리 때문이다. 미군이 있는 한 북한이 대한민국을 공격할 수 없을 것이기 때문에 아무 걱정할 필요가 없다고 생각하고 있기 때문이다.

그러나 이 같은 세 가지 요인 때문에 반공이념이 시대착오적이고 무의미한 것이며, 북한의 위협은 걱정할 필요가 없다고 하는 것은 대단히 위험한 현상이라 하지 않을 수 없다. 그 이유는 다음과 같다.

첫째, 세계 차원에서 민주진영과 공산진영 간의 전면대결 시대가 끝난 것은 사실이지만 한반도의 냉전 또는 체제대결은 계속되고 있다. 북한은 공산화통일을 최고의 국가목표로 삼고 이를 실현하기 위해 핵과 미사일 등 막강한 군사력을 보유하고 있을 뿐 아니라 대한민국을 전복시키기 위해 대남공작 활동을 계속하고 있다. 더구나 미국 중심의 세력권과 중국·러시아 중심의 세력권 간에 신냉전이 전개되고 있는 것도 한국의 생존과 번영에 새로운 도전이 되고 있다.

둘째, 경제적 측면에서 한국이 체제경쟁에 승리했다고 할 수 있을지 모르지만, 군사적 측면에서 북한이 압도적으로 우세하기 때문에 한국이 결코 체제경쟁에서 승리했다고 할 수 없다. 경제력이 약세더라도 압도적 군사력을 가진 세력이 승리할 가능성이 높다는 것은 최근 아프간 몰락에서 생생히 목격할 수 있다.

마지막으로, 한미동맹은 소중한 것이지만, 이로 인해 주한미군에 대한 의존 심리와 책임회피 심리가 만연한 것이 큰 문제다. 국민은 물론 정부와 군대까지도 국가안보에 대한 위기의식이 없어 안보를 걱정할 필요가 없다는 것이다. 40여 년 전 베트남이나 최근의 아프간에서 보듯이 미국은 스스로 지킬 의지가 없는 나라를 포기했다는 사실을 명심해야 한다.

세계가 우려하고 있을 정도로 우리의 안보상황이 심각한 국면에 처해 있는데도 이를 지적하면 색깔론이니 낡은 반공 이데올로기니 하면서 안보를 우려하는 사람들을 오히려 이상한 사람으로 몰아가는 경향이 있다. 안보를 우려하는 사람들이 이상한 것이 아니라 명백한 안보위기를 외면하는 사람들이 진짜 이상한 사람인 것이다.

1970년대 이전과 같은 경직된 반공노선을 지지하자는 것이 아니다. 강도를 더해가고 있는 북한의 군사적 · 비군사적 위협을 현실로 인식하고 대응하자는 것이다. 공산주의든 또 다른 무엇이든 자유 대한민국에 위협이 되고 있다면, 막아내야 하는 것이 너무나도 당연하다. 그것이 대한민국이라는 국가의 최소한의 존립 조건이다.

통일우선노선은 안보를 위태롭게 할 우려가 크다

좌파정권이 남북관계 개선에 몰두하면서 안보정책이 뒷전으로 밀리게 되었다. 김대중 대통령은 햇볕정책을 통해 남북관계에 획기적 전기를 마련하고자 했지만, 김정일은 김 대통령의 기대에 전혀 부응하지 않았다. 뒤를 이은 노무현 대통령도 "모든 것을 깽판 쳐도 남북관계만 잘되면 된다"고 했을 정도로 북한과의 화해 협력을 우선시했다. 당시 북한이 핵 개발을 본격화했지만 노 대통령은 북한의 핵 프로그램은 협상 카드에 불과하다거나 북한의 핵은 방어용이라며 사실상 북한의 핵 개발을 옹호했다. 2006년 11월 북한이 핵 실험을 강행했을 때도 노 대통령은 "한반도의 군사균형은 깨지지 않았다"며 대북 협력사업을 지속했다. 김대중 · 노무현 정부 10년 동안 매년 평균 10억 달러 규모의 대북지원이 있었는데, 이 자금이 북한의 핵무기 개발에 쓰였다는 의혹을 받고 있다. 문재인 정부도 김대중·노무현 정부에 못지않게 '한반도 평화 프로세스'라는 이름의 대북정책을 펴왔지만 성과는 미지수다.

이처럼 좌파정권들이 적극적인 대북 유화정책을 펴왔지만 그 결과로 한반도 평화에 과연 의미 있는 진전이 있었는지 의문이다. 오히려 북한으로 하여금 핵무장을 할 수 있도록 재정지원을 해주고 시간적 여유를 줌으로써 최악의 안보환경을 만들지 않았는지 되돌아볼 문제다. 남북관계는 개선되는 듯하다가 이내 원점으로 되돌아갔다. 북한이 남북관계 개선에 진정성이 없었기 때문이다. 최근 공개된 청주 간첩사건에서 나타나고 있듯이 북한은 우리 선거에 개입하고 친북 여론을 조성하고 반미선동을 하는 등, 우리 사회의 혼란 조성과 체제전복을 위한 활동을 계속하고 있다. 북한에 대해 우호적인 세력이 활개치고 있는 여건을 고려할 때 청주 간첩사건은 빙산의 일각일지도 모른다. 북한이 노리는 것은 북한에 우호적인 정권을 남한에 들어서게 함으로써 우리의 국가방위태세를 무력화시키고 궁극적으로 적화통일을 하려는 것이다.

북한이 사실상 핵보유국이 되었는데도 문재인 정부가 대북화해협력정책을 무엇보다 우선시해온 것은 그들의 친북 이념적 노선에서 비롯된 것이 아닌가 하는 의심을 자아낸다. 문재인 정권의 신영복과 김원봉에 대한 칭송과 이승만 건국대통령과 6·25전쟁 영웅 백선엽 장군에 대한 비방 사례를 통해 이것을 추론해볼 수 있다.

문재인 대통령은 2018년 2월 동계올림픽 리셉션에서 신영복 교수를 "존경하는 한국의 사상가"라며 그의 글을 인용해 연설했다. 신영복은 1968년 적발된 통일혁명당(통혁당)의 4명의 주모자 중 한 사람이다. 통혁당은 김일성 지시에 의해 남조선혁명을 위해 조직된 지하당이었다. 다른 주모자 3명은 사형되었고, 신영복은 무기징역을 선고받고 20년간 수감생활을 했지만 전향하지 않았다. 1975년, 북한은 신영복을 중시하여 북한으로 송환하려 협상에 나서기도 했다. 이처럼 신영복은 김일성의 공산통일을 위해 헌신했던 상징적 인물인데 어째서 그의 사상이 존경의 대상인지 의문이 아닐 수 없다.

김원봉 또한 의혹의 대상이다. 문 대통령은 2018년 현충일 행사에서 "광복군에는 김원봉 선생이 이끌던 조선의용대가 편입되어 마침내 민족의 독립운동 역량을 집결했다"며 "통합된 광복군은 국군 창설의 뿌리가 되었고, 한미동맹의 토대가 되었다"고 극찬했다. 2015년에도 새정치민주연합의 문재인 대표는 "약산 김원봉 선생에게 마음속으로나마 최고 독립유공훈장을 달아드리고 술 한잔 바치고 싶다"고 했다. 김원봉은 누구인가? 항일투쟁을 한 것은 사실이지만, 1948년 월북하여 최고인민회의 대의원이 되었고 그해 9월 김일성 정권의 국가검열상과 노동상을 역임했으며, 그 뒤 최고인민회의 상임위원회

부위원장을 지냈다.

반면 문재인 정부는 대한민국 지도자들에게는 싸늘했다. 2020년과 2021년 광복절 행사에서 김원웅 광복회 회장은 이승만·박정희 정부 등 역대 보수정권을 친일에 뿌리를 둔 반민족 정권이라고 하는 등 대한민국의 정통성을 정면으로 부정하면서 민주세력이 이들 '친일정권'을 타도해왔고 또 계속 타도해야 한다고 주장했다. 대한민국은 '태어나지 말았어야 할 나라'라는 그의 역사인식을 온 천하에 부르짖은 것이다. 문 대통령과 역사인식이 일치하지 않고서는 대통령이 임석한 행사에서 이런 망언을 쏟아낼 수 없었을 것이다. 나아가 김원웅 회장은 김정은을 위인이라 칭송한 바 있다.

또한 집권세력은 6·25전쟁의 영웅으로 국내외에서 존경받아온 백선엽 장군의 서거에 즈음하여 그를 '친일·반민족 행위자'라며 국립서울현충원 대신 대전현충원에 안장토록 했다. 이 무렵 여권 일각에서 국립서울현충원에 안장된 '친일 반민족 행위자들의 묘소'를 이장하는 내용의 국립묘지법 개정안을 발의하고 있었기 때문에 백 장군의 장지는 대전현충원이 될 수밖에 없었다.

최고 지도자를 포함하여 집권층이 국가정체성이 불분명하고 안보위협을 제대로 인식하지 못하면 외교안보 당국과 군대는 물론 국민마저 안보경각심이 흐트러지는 등 국가안보태세가 허물어지게 된다. 그래서인지 우리 사회에는 평화통일을 명분으로 김정은을 추종하면서 친북 반미 여론을 확산시키는 세력들이 버젓이 활개치고 있는데도 정부는 수수방관하고 있다.

평화에 대한 집착은 위험할 수 있다

평화를 원치 않는 자가 어디 있겠는가. 하지만 개중에는 위장된 평화라도 전쟁보다 낫다고 주장하는 사람들이 있다. 전쟁과 평화를 같은 차원에 놓고 보기 때문이다. 그러나 평화는 목적이고 전쟁은 수단이다. 목적과 수단을 같은 차원에 놓고 전쟁이냐 평화냐를 선택해서는 안 된다. 평화는 전쟁까지 각오하지 않으면 보장될 수 없기 때문이다. 탄탄한 군사력을 보유하고 있을 때만이 평화가 보장될 수 있는 것이다.

1938년 9월 30일 영국 다우닝가(Downing Street) 10번지 총리 관저 앞에서 체임벌린(Arthur Neville Chamberlain) 총리는 몰려든 군중에게 한 장의 문서를 득의양양하게 흔들었다. 자신과 히틀러(Adolf Hitler) 독일 총통이 서명한 뮌헨협정서였다. 체임벌린은 체코슬로바키아의 독일인 다수 거주지역인 주데텐란트(Sudetenland)를 독일에 넘겨주는 대가로 유럽을 전쟁의 위기에서 구했다고 자화자찬했다. 하지만 이듬해 독일이 폴란드를 침공하면서 제2차 세계대전이 발발하자, 뮌헨협정서는 휴지 조각이 되었다.

그래서 체임벌린이 물러나고 처칠(Winston Churchill)이 전시 총리로 등판했다. 당시 압도적 다수의 영국 국민은 전쟁을 피하기 위해 히틀러와 타협해야 한다고 생각하고 있었다. 그럼에도 처칠은 취임연설에서 "내가 여러분께 드릴 수 있는 것은 피와 수고와 눈물, 그리고 땀뿐"이라면서 "우리의 정책은 싸우는 것이며, 어떤 대가를 치르더라도 나치와의 전쟁에서 승리할 것"이라고 결연한 의지를 밝혔다. 그러나 전시 내각의 주화파들은 처칠의 발목을 잡았다. 핼리팩스(Edward Wood, 1st Earl of Halifax) 외무장관은 독일과의 평화협상을 준수해야 한다고 압박했고, 히틀러의 영국 침공 위협에 겁먹은 의원들도 "평화를 지키기 위해 처칠을 몰아내야 한다"고 주장했다. 그러나 처칠은 의사당에 나가 "싸우다 패한 나라는 일어서지만, 비겁하게 굴복하면 망한다"는 감동적인 연설로 독일과의 전쟁에 대한 의회의 동의를 받아냈다. 평화는 적과의 타협으로 얻어지는 것이 아니라 전쟁도 불사하겠다는 결의를 통해 지켜진다는 것이 처칠 안보리더십의 핵심이었다.

우리 헌법 제66조 3항은 "대통령은 조국의 평화적 통일을 위한 성실한 임무를 진다"고 규정하고 있기 때문에 대통령이 남북관계 개선을 위해 노력하는 것은 당연하다. 그러나 헌법

제66조 2항이 대통령의 국가안보에 대한 책임을 먼저 규정하고 있기 때문에 통일을 위한 노력이 국가안보를 훼손하는 결과를 초래해서는 안 된다.

문재인 대통령은 2018년 광복절 연설에서 "모든 것을 걸고 전쟁만은 막겠다"고 했고, 2019년 신년사에서도 "우리 외교와 국방의 궁극의 목표는 한반도에서 전쟁의 재발을 막는 것"이라고 했다. 우리 대통령이 외교·국방의 궁극적 목표가 전쟁 방지라고 했을 때 주변국들은 어떻게 받아들였을까? 당장 주적(主敵)인 북한은 물론이고 중국과 일본에도 잘못된 신호를 주지 않았을까? 한국은 전쟁을 피하기 위해 모든 것을 양보할 수 있는 유약한 나라로 비춰질 수 있기 때문이다.

문 대통령은 "나쁜 평화가 좋은 전쟁보다 낫다"는 말을 즐겨 써왔다. 언뜻 듣기에 솔깃할지 모르지만, 사실 국가지도자가 하기에는 위험한 말이 아닐 수 없다. 처칠은 나쁜 평화보다는 전쟁을 택했다는 것을 잊어서는 안 된다. 문제는 공산세력이 전쟁을 벌일 때마다 '정의로운 전쟁'이라 했다는 것이다. 그들에게는 공산주의 혁명노선에 부합하면 무조건 좋은 전쟁이며, 나쁜 전쟁이란 존재하지 않는다. 기회만 되면 북한은 전쟁도 불사할 것이라는 말이다.

국가지도자가 가장 경계해야 할 것은 '감상주의'이며, 가장 위험한 것은 국가안보를 상대편의 '선의'에 맡기는 행위다. 그럼에도 문재인 대통령은 북한의 핵 위협을 도외시한 채 '한반도 평화'라는 장밋빛 환상에 젖어 남북대화를 서둘렀다. 2018년 4월 27일 남북 정상회담에서 채택한 판문점선언에서 "한반도에서 더 이상 전쟁은 없을 것"이라며 군사분계선 일대에서 확성기 방송과 전단 살포를 비롯한 모든 적대행위를 전면 중단하기로 합의하고, 나아가 단계적 군축을 실시하기로 했다. 이어서 "정전협정 체결 65년이 되는 올해에 종전을 선언하고 정전협정을 평화협정으로 전환"하기로 했다.

그해 9월 평양에서 열린 남북 정상회담에서는 남북군사합의서를 채택했다. 이 군사합의에는 ① 대규모 군사훈련 및 무력증강 등에 대해 남북 간 협의하고, ② 군사분계선 일대의 각종 군사연습을 중지하며, ③ 남북 접경지역 해상에서 포사격 및 해상기동훈련을 중지하고, 군사분계선 일대에 비행금지구역을 설정하며, ④ 서해에 평화수역을 설정하고 한강 하구를 공동 이용하기로 했다.

평화를 위해 남북이 서로 적대행위를 하지 않는다는 약속은 그럴 듯하다. 그러나 군사적 신뢰구축과 단계적 군축은 북한의 완전한 핵 포기가 보장되지 않는 한 별 의미가 없다. 오히려 안보에 위험이 될 가능성이 크다. 그래서 평화를 명분으로 안보를 위태롭게 한 최악의 도박을 했다며 '항복문서' 또는 '전쟁에 패한 나라나 서명할 수준의 합의문'이라는 극단적 비판이 나왔다. 북한은 대화를 하면서도 뒤에서는 땅굴을 파고 핵무기를 개발하는 등, 대화의 진정성을 찾아보기 어려운 상대라는 사실을 망각했던 것이다. 신뢰와 검증이 보장되지 않은 군사합의가 성공한 사례가 없을 뿐 아니라 오히려 전쟁을 불러왔다는 것이 냉엄한 역사의 교훈이다. 그럼에도 우리 정부가 북한 비핵화는 미국과 북한 간의 협상에 일임한 채 남북 군사합의를 서둘렀다는 것은 국군통수권자로서 직무유기이며 국민기만 행위라 하지 않을 수 없다.

이 군사합의로 서해 북방한계선(NLL)이 무력화되고 서해 5도가 고립 상태에 빠질 위험에 처하게 되었다. 인천 남쪽인 덕적도에 이르는 해상까지 포 사격 및 해상 기동훈련이 금지되고 한강 하구를 남북이 공동 이용하기로 하면서 수도권까지 무방비 상태에 빠뜨렸다는 비난을 면하게 어렵게 되었다. 또한 군사분계선 남북으로 비행금지구역을 설정함으로써 우리 군의 눈과 귀를 가리고 손발을 묶었으며, 이로 인해 북한군의 장사정포 등 북한군 동향을 탐지하기 어렵게 되었다. 나아가 북한의 GP가 우리보다 2배 이상 많은데도 남북한이 같은 수의 GP를 철거했던 것이다.

두 차례에 걸친 남북 정상회담이 있었던 해인 2018년, 겉으로는 한반도에 봄이 오는 듯했지만, 당시 김정은은 과연 무엇을 하고 있었던가? 그는 그해 신년사에서 "국가 핵무력 완성의 역사적 대업을 성취했다"면서 2018년에는 "핵탄두들과 탄도로케트들을 대량생산하여 실전배치하는 사업에 박차를 가해나가야 한다"고 했다. 그해 4월 20일에 열린 노동당 전원회의에서는 "국가 핵무력 완성과 핵무기 병기화"를 선언하고 핵무기를 "평화수호의 강력한 보검"이라고 했다. 그는 2021년 1월 8차 노동당 대회에서 '핵'을 36차례나 강조하며 "핵무력 건설을 중단 없이 추진할 것"이라 하면서 핵무기 소형화와 전술무기화 촉진, 극초음속 활공비행전투부 개발 도입, 철도기동미사일연대 출범, 핵잠수함 및 수중발사핵전략무기 보유 등을 제시했다. 그래서 우리 국민 90%가 북한이 핵무기를 포기하지 않을 것이라고 믿고 있음에도 불구하고 우리 정부는 김정은의 비핵화 의지는 확고하다며 남북대화 재개에 목말라하고 있다.

남북군사합의로 인해 북한의 위협에 대비하기 위한 군사력 증강은 물론 한미 연합훈련까지 북한이 방해할 수 있는 명분을 제공하게 되었다. 판문점 남북 정상회담 직후인 2018년 5월 북한은 맥스선더(Max Thunder) 한미 공중연합훈련을 문제 삼으며 남북 고위급회담을 일방적으로 취소했고, 6월 14일 남북 장성급회담에서는 한미 연합훈련 중단을 주장했다. 김정은은 2019년 신년사를 통해 "조선반도 정세 긴장의 근원이 되고 있는 외세와의 합동군사훈련을 더 이상 허용하지 말아야 하며 외부로부터의 전략자산을 비롯한 전쟁장비 반입도 완전히 중지되어야 한다"고 했다. 그 이후 북한은 우리의 안보 정책에 대해 사사건건 시비를 걸었다. 예를 들면, 우리의 소규모 방어훈련이나 사드(THAAD: 고고도미사일방어체계) 배치, 스텔스 전투기 도입 추진 등 방위력 증강 사업마저 '군사합의 위반'이라 하고, 연평 포격도발 추모행사를 '불순한 망동'이라 하고, 전군 지휘관회의 개최에 대해 관계개선 흐름을 역행한다고 비난했으며, 우리 국방예산마저 '노골적인 군사합의 위반'이라고 주장했다.

2021년 6월, 북한의 김여정이 한미 연합훈련을 비난하는 담화를 발표하자 범여권 의원 74명이 한미 연합훈련을 중단해야 한다는 연판장에 서명했고, 문재인 대통령까지도 제반사항을 고려하여 신중히 결정하라고 지시했다. 결국 한미 연합훈련은 계획보다 크게 축소되었다. 남북군사합의 이후 3대 한미 연합훈련이 사실상 취소되었고, 3년 넘게 컴퓨터 게임 훈련만 하고 있다. 지난 3년간 한국군과 주한미군은 연대급 이상의 부대에서 총 한 발 같이 쏴본 적이 없다. 에이브럼스(Robert Abrams) 전 주한미군 사령관은 "컴퓨터 훈련만 하면 실전에서 혼비백산하게 된다"고 우려했다.

반면 북한은 핵무기 장착이 가능한 탄도미사일 및 순항미사일, 이스칸데르(Iskander) 미사일, 초대형 방사포 발사 등 우리를 직접 위협하는 군사적 도발을 계속했으며, 최근에는 핵무기 증산을 위해 영변 핵시설을 가동하는 등 남북군사합의에 역행했다. 그럼에도 우리 정부는 이 같은 북한의 군사적 도발에 대해 군사합의 위반이 아니라는 입장이다.

문재인 정부는 외교안보정책에도 패착이 적지 않았다. 2017년 11월 중국의 사드 보복에 대한 대응으로 '사드 추가 배치 불가, 미국의 미사일방어체계 불참, 한미일 안보협력 불가 등 '3불(不) 약속'을 했는데 이 약속들은 모두 한미동맹과 직결된 문제였다. 미중(美中) 각축이 치열해지고 있는 신냉전 상황에서 우리 안보에 족쇄를 씌웠을 뿐 아니라 한미동맹까지 갉아먹을 독소조항이라 하지 않을 수 없다. 반일감정을 정치적으로 이용할 목적에서 시작된 한일 군사정보보호협정(GSOMIA)의 파기도 한미일 군사협력 체계를 약화시켜 한반도 전쟁 억지력에 치명적인 장애를 초래했다는 비판을 받고 있다.

군사제일주의노선과 평화제일주의노선 간에 어떤 평화가 가능할까?

대통령의 안보리더십이란 안보위협에 대한 올바른 인식을 바탕으로 필요한 국가안보전략을 마련하고, 나아가 만반의 안보태세를 유지하도록 지도력을 발휘하는 것을 말한다. 더구나 외교안보는 고도의 전문성을 필요로 하기 때문에 대통령은 고도의 실무 경험과 전문성을 갖춘 인사들로 외교안보 실무진을 구성해야 한다. 또한 대통령은 유사시 싸워 이길 수 있는 군대가 되도록 적극적으로 이끌어야 한다. 그런 점에서 볼 때, 문재인 대통령은 물론 최근 대통령들이 그러한 안보리더십을 발휘했는지 의문이다.

이에 비해 김정은의 안보리더십은 크게 대조적이다. 그는 확고한 체제수호 의지를 바탕으로 전략무기 개발 등 군비확장을 지속적으로 독려하고 무기 실험과 군사훈련 현장에 나가 진두지휘해왔다. 그러나 이것은 김정은만의 특별한 안보리더십이 아니라 김일성, 김정일에 걸쳐 계속되어온 것이다. 이른바 군사제일주의노선이다. 그들에게는 국가안보의 장기적 목표와 전략이 있었고, 그것을 달성하기 위해 그들은 모든 수단을 총동원했다. 적화통일이 김일성 일가의 최고 목표였기 때문이다.

심지어 김정일은 자신의 노선을 선군정치(先軍政治)라 했다. 선군정치란 군사우선 통치방식을 말한다. 한마디로 북한은 병영국가이고 전쟁체제 하에서 움직이는 국가로 볼 수 있다. 그래서 북한은 고대 그리스의 스파르타와 비슷한 나라이고, 우리나라는 고대 아테네와 비슷한 나라라 할 수 있다. 북한이 정상국가로 탈바꿈하지 않는 한 남북관계는 근본적으로 대립관계가 될 수밖에 없다. 북한은 한국의 자유와 번영을 북한 체제의 근본적 위협이라 인식하고 있기 때문에 통일이나 민족화해에 진정한 관심을 가지고 있다고 볼 수 없다. 더구나 미국과의 담판에 집중하고 있는 북한이 우리의 평화구축 노력에 대해 관심이 있겠는가? 군사우선노선을 따르는 북한과 평화우선노선을 따르는 우리나라 사이에 과연 평화가 가능할지 의문이다.

우리는 세계 10대 경제대국이 되었지만 국가안보에는 취약한 것이 분명한 현실이다. 우리는 남북 간 체제경쟁에서 오래전에 승리했다고 한 적이 있지만, 지금 우리가 북한 핵의 인질이 되어 국가의 생존마저 위협받고 있는 상황에서 체제경쟁의 승리가 무슨 의미가 있는가? 그럼에도 집권세력은 우리 경제력이 북한의 50배가 넘기 때문에 북한의 위협을 우려할 필요가 없으며, 심지어 북한에 양보해야만 한다고 주장한다. 세계가 북한을 위험국가로 보고 있는데, 우리 집권층은 물론 상당수 국민까지 민족공조라는 환상에 빠져 북한의 위협을 외면하고 있다. 북한은 대한민국을 말살하여 김일성 주체사상체제로 통일하려 하는데, 우리는 평화만 추구하면 되겠는가?

대통령의 안보리더십은 국가안보전략과 군사대비태세에 결정적 영향을 미친다. 2018년 7월에 발표된 '국방개혁 2.0'은 전력증강을 한 후에 병력감축과 부대해체를 하겠다고 했지만,

남북군사합의로 인해 전력증강은 유야무야되고, 병력감축과 부대해체만 서둘렀다. 이에 따라 사병 복무기간은 18개월로 단축되었다. 무책임하기 짝이 없는 안보 포퓰리즘이다. 핵무기를 보유하고 있을 뿐 아니라 7~10년간 복무하는 120여 만 명의 북한군을 겨우 1년 반 복무하는 50만 명의 재래식 군대로 제대로 대응할 수 있겠는가?

또한 좌파정부가 외교안보정책을 대북정책에 종속시키다시피 하면서 안보태세는 우려해야 할 정도로 약화되었고, 군의 사기도 추락했다. 청와대 행정관이 육군 참모총장을 불러내 장군 인사를 논의했다는 것은 우리 안보의 난맥상을 보여준다. 2018년 남북 정상회담 이래 우리 군은 병력과 장비가 동원되는 대규모 야외 기동훈련은 그해의 독수리 훈련을 마지막으로 3년째 하지 않고 있다. 훈련하지 않는 군대는 군대다운 군대라 할 수 없다.

더구나 북한에 대해 적이라기보다는 평화의 대상, 통일의 대상, 같은 민족이라는 관념을 심어주면서 군의 대적관과 정신전력이 약화되고 있다. 북한 남성이 바다를 헤엄쳐 넘어와 상당한 거리를 이동하면서 우리 군의 감시장비에 포착되었지만 해당 지역 부대에서는 아무런 조치도 없었다. 성추행 등 불미스러운 사건·사고도 연달아 터져나오고 있다. 아프간 군대에서 보듯이 기강이 무너진 군대는 오합지졸일 뿐이고 정신전력이 해체된 군대는 싸움에서 이길 수 없다.

그뿐만 아니라 문재인 정부는 북한의 도발에 대해 적절히 대응하지 못하여 사태를 악화시키고 있다는 비판을 받고 있다. 2019년 총 13차례의 북한의 무력도발이 있었음에도 불구하고 전혀 문제제기를 하지 않았다. 북한이 2020년 개성공단 남북연락사무소를 폭파했을 때나 서해에서 우리 공무원이 피살되었을 때도 우리 정부는 따지지도 않았다. 북한이 도발적인 행동과 모욕적인 언사를 했을 때도 우리 정부는 이를 수용하거나 묵인함으로써 북한에 대한 영향력을 상실하고 있다. 북한에게 마치 '남한은 아무렇게나 해도 상관없는 존재'로 인식하게 만든 것이다. 대다수 전문가들은 "현재의 남북관계는 2018년 평양정상회담과 9·19 남북군사합의 이전의 원점으로 돌아갔다"며 그간의 남북관계 개선 노력은 모래성을 쌓은 것과 같다고 혹평하고 있다.

같은 민족이기 때문에 무조건 대화하고 협력해야 한다는 낭만적 접근은 남북 간의 근원적 갈등을 해결할 수 없는 것은 물론 오히려 위험한 도박이 될 우려가 크다. 우리는 지난 몇 십년간 남북관계가 일시적으로 개선되는 것 같다가 다시 원점으로 되돌아가기를 반복한 쓰디쓴 교훈을 가지고 있다. 북한이 정상국가로 변하지 않는 한, 우리는 평화주의 환상에서 벗어나지 않으면 안 된다. 북한 핵에 대해 분명히 반대한다는 주장도 펴지 못하면서 대화만 강조하는 것은 평화 구걸인 동시에 정치적으로 이용하기 위한 술수라는 비판에서 벗어나기 어렵다. 어떤 대가를 치르더라도 김정은의 핵 협박과 위장 평화에 단호히 맞설 수 있는 안보리더십을 구축하는 것이 시급한 과제다. 이것은 한반도의 참된 평화와 번영을 위해 가장 중요하고도 절실한 문제다.

늑대가 출몰하여 사람들과 가축을 해치는 오지 마을이 있다고 하자. 주민들은 늑대를 달래기 위해 고깃덩이를 던져주었지만 늑대는 더 자주 나타났다. 늑대를 사살하거나 잡아 가두는 수밖에 없었다. 북한은 우리에게 늑대 같은 위험스런 존재다. 김일성 당시부터 적화통일에 대한 의지는 확고했고 지금도 변함이 없다. 그들은 그 같은 목표를 달성하기 위해 핵과 미사일 등 첨단 군사력을 보유한 채 결정적 시기를 노리고 있다.

우리는 북한이라는 '늑대'를 어떻게 다룰 것인가? 사살하는 것은 너무 위험하니, 늑대가 접근하면 경보를 울리고 잡아가두어 순치시키는 것이 현실적인 방안이 아닐까? 대한민국의 생존과 번영을 위해 핵을 가진 북한의 위협을 억지해야 하며, 이를 위해 우리의 안보태세를 강화하고 한미동맹을 공고히 유지하는 것이 우선이다. 그것만으로 우리의 안보 문제가 해결되는 것은 아니다. 궁극적으로 평화통일이 되어야 한다. 그렇지만 북한이 적화통일 목표를 고수하고 있는 상황에서 평화통일은 요원한 문제다. 따라서 통일만 된다면 어떤 통일도 좋다는 주장은 참으로 무책임하고 위험하다.

남북한을 비교해볼 때, 우리 체제가 우월하다는 것은 분명하다. 최대 다수의 자유와 행복을 보장하고 있기 때문이다. 따라서 통일은 자유민주주의 통일이어야 한다. 이를 위해 우리는 북한을 변화시키고 정상화시켜야 한다. 북한을 국제사회의 건설적 일원이 되고 정상국가가 될 수 있도록 지원하여 궁극적으로 평화적 통일의 파트너가 될 수 있도록 유도해나가야 한다.

제2장

북한의 정치적·군사적 위협을 해부한다

김열수

National Security Leadership

남조선혁명론은 폐기되었는가?

헌법(憲法)은 국가의 기본 법칙으로서 국민의 기본권에 관한 내용과 통치기구의 구성 및 작용 원칙에 관한 내용 등을 담고 있는 최고의 규범이다. 따라서 헌법은 모든 법령의 기준과 근거가 된다. 만일 법률이 헌법에 위배되면 헌법재판소는 위헌 결정을 통해 그 효력을 없앤다. 이처럼 한국을 포함한 대부분의 민주주의 국가들은 헌법이 최상위 규범이다.

그런데 북한은 다르다. 북한 헌법 제11조를 보면, "조선민주주의인민공화국은 조선로동당의 령도 밑에 모든 활동을 진행한다"라고 규정되어 있다. 북한의 최상위 규범은 헌법이 아니라 조선노동당 규약이라는 점이 헌법에 명시되어 있는 것이다. 따라서 북한의 최상위 규범인 노동당 규약의 개정은 북한 주민들뿐만 아니라 한국 사회에서도 관심의 대상이 된다.

특히, 2021년 1월에 개최된 제8차 노동당 대회에서 개정된 당규약은 북한 내외부에서 많은 관심의 대상이 되었다. 노동당의 당면목적과 최종목적을 규정한 구절(句節)이 오해를 불러일으키고 있기 때문이다. 도대체 무엇이 어떻게 개정되었기에 이런 관심을 불러일으키는 걸까? 우선 2016년 제7차 당대회에서 결정된 당규약부터 먼저 살펴보자. 당규약 서문에는 "조선로동당의 당면목적은 공화국 북반부에서 사회주의 강성

국가를 건설하며 **전국적 범위에서 민족해방민주주의 혁명의 과업을 수행**하는 데 있으며, 최종목적은 **온 사회를 김일성-김정일주의화**하여 인민대중의 자주성을 완전히 실현하는 데 있다"라고 명시되어 있다. 이를 쉬운 말로 풀어보자. 전국적 범위란 남북한을 아우르는 표현이기는 하나, 북한은 이미 혁명이 완성되었기 때문에 그 대상은 남한이다. 북한의 시각에서 남한은 미국이 지배하고 있어서 미국을 몰아내야 진정한 민족해방이 되는 것이고 미국의 꼭두각시인 한국 정권을 타도하고 반미친북정권을 수립해야 민주주의 혁명이 되는 것이다. 그 후에 북한은 새로 들어선 남한의 반미친북정권과 연방제 통일을 달성하고자 하는데. 이것이 노동당의 당면목적인 셈이다. 최종목적은 남북한을 김일성-김정일주의화하는 것이다.

2021년 제8차 당대회에서 개정된 당규약에 명시된 노동당의 당면목적과 최종목적은 다음과 같다. "조선로동당의 당면목적은 공화국 북반부에서 부강하고 문명한 사회주의 사회를 건설하며 **전국적 범위에서 사회의 자주적이며 민주주의적인 발전을 실현**하는 데 있으며, 최종목적은 인민의 이상이 완전히 실현된 **공산주의 사회를 건설**하는 데 있다."

북한이 남조선혁명론을 포기했다고 오해할 수 있는 구절이 바로 "**전국적 범위에서 사회의 자주적이며 민주주의적인 발전을 실현하는 데 있다**"는 부분이다. 여기에는 제7차 당대회 때 포함된 "민족해방민주주의 혁명"이라는 구절은 분명히 없다. 이를 두고 어떤 전문가는 북한이 남조선혁명론을 포기했다는 성급한 해석을 하기도 한다. 그런데 자주적이라는 용어를 잘 해석할 필요가 있다. 자주적이란 외세의 간섭이 없는 것을 의미한다. 조금 확대해보면 결국 남한에서 미국을 몰아내야 하는 것이다. 이렇게 해석하는 이유는 당규약의 통일전선 분야를 살펴보면 명확하게 이해할 수 있다. 통일전선 분야에서 조선노동당은 "남조선에서 미제의 침략무력을 철거시키고 남조선에 대한 미국의 정치군사적 지배를 종국적으로 청산하며 온갖 외세의 간섭을 철저히 배격"할 것을 규정하고 있다. 주한미군을 먼저 철수시키고 종국적으로 미국을 몰아내야 한다는 것이다. 이렇게 되어야 남한은 외세의 간섭이 없는 자주적인 정치체가 될 수 있다는 뜻이다.

민주주의적인 발전이라는 구절도 제대로 해석할 필요가 있다. 민주주의적인 발전이란 북한이 주장하는 인민민주주의 혁명뿐만 아니라 남한 내에서 친북세력이 선거를 통해 집권할 수도 있는 가능성을 포함한 것으로 해석할 수 있다. 이렇게 되면 남조선혁명론이 오히려 확장된 것으로 볼 수 있다.

노동당의 당면목적이 조금 순화된 구절로 개정되었다고 해서 북한이 남조선혁명론을 포기했다고 결론 내려서는 안 된다. 노동당의 최종목적은 과거와 달리 오히려 **공산주의 사회를**

건설하는 것이라는 점을 더 강조하고 있다는 점을 주목할 필요가 있다. 1946년 노동당규약이 제정된 이래 현재까지 무려 아홉 차례 개정이 있었지만, 남조선혁명론의 본질이 변한 적은 단 한 번도 없다.

실제로 북한의 정치적 위협은 광범위하고 심각한 수준이다. 124특수부대의 청와대 기습 시도, 박정희 대통령을 저격하려다 육영수 여사를 살해한 사건, 미얀마에서 전두환 대통령을 시해하려다 우리 고위수행원 다수를 살상한 사건 등 끔찍한 적대행위도 있었다. 무력통일에 실패한 북한은 군사적 수단을 결정적 시기에 동원하기 위해 지속적으로 강화하는 한편, '남조선혁명'에 의한 적화통일을 주된 대남전략으로 삼아왔다.

'남조선혁명'은 '민족해방'(주한미군 철수)과 '인민민주주의혁명'(친북정권 수립)이라는 두 가지 과업으로 나뉜다. 북한은 남조선혁명을 위해 남한 내 민주화운동 지원, 남한 인민의 정치사상적 각성, 남한 내 지하당 구축, 노동자 · 농민 · 청년학생 등의 투쟁 지원, 인터넷과 스마트폰 등을 이용한 유언비어 유포 및 선전선동을 통한 여론조작을 끊임없이 해오고 있다. 한국의 국론분열이나 정치사회적 갈등의 상당부분은 북한 대남공작의 영향을 받고 있다고 본다.

북한의 대남 군사전략은 바뀌었는가?

전략은 목표(objectives), 수단(means), 그리고 방법(ways)으로 구성된다. 목표는 조직이 달성해야 할 최종상태를 의미하고, 수단은 조직이 보유하고 있는 유무형의 자산을 의미하며, 방법은 목표를 달성하기 위해 조직이 보유하고 있는 자원 또는 수단을 운용하는 것을 말한다. 전략의 3요소 중에서 가장 먼저 정립되어야 할 것은 목표다. 목표가 정해지면 어떤 방법으로 이 목표를 달성해야 할지를 정해야 하고, 방법에 알맞은 수단을 갖추어야 한다. 그러나 핵무기처럼 전혀 다른 수단을 보유하게 되면 방법과 목표도 바뀔 수 있다.

북한의 안보전략은 김일성 시대의 '경제·국방 병진' 노선에서 김정일 시대의 '선군정치' 노선을 거쳐 김정은 시대에는 **'경제·핵 병진' 노선**으로 발전했다. 북한은 전군 간부화, 전국 요새화, 전인민 무장화, 전국토 요새화를 기본내용으로 하는 자위적 군사노선을 채택하여 군사력을 증강시키고 있다.

북한 군사전략의 기본목표는 **대남 적화통일**이다. 북한군의 목표는 지난 70여 년 동안 변함이 없지만, 이를 달성하려는 방법과 수단은 많이 변하고 있다. 북한의 전통적인 군사전략 방법은 기습전, 배합전, 속전속결전이었다. 그러나 2000년대 이후 북한이 핵무기를 보유함에 따라 전통적인 군사전략 방법에 비대칭 전력 중심의 군사전략 방법이 더해지고 있다.

기습이란 상대방이 전혀 예상하지 못했거나, 또는 예상했다고 하더라도 대응시간이 부족한 시기, 장소, 방법 등을 택하여 상대방을 공격하는 것을 말한다. 북한은 기습을 달성하기 위해 부대구조와 부대배치를 끊임없이 조정해왔다. 특히, 김정일 시기인 2000년대 중반, 북한은 지상군 부대구조를 개편했다. 1개 전차군단과 2개 기계화군단, 1개 포병군단을 해체하여 사·여단급 규모로 개편한 후 제1제대인 전연(방)군단에 예속시켰다. 이는 북한이 3개 제대 편성에 의한 제파식 연속타격 전략을 수정하여 2개 제대로 편성했다는 것을 의미한다. 즉, 북한은 제2제대와 제1제대를 통합하여 1개 제대로 편성함으로써 제1제대에서 강력한 충격력을 발휘하도록 했다. 또한, 북한은 지상군 전력을 휴전선 쪽으로 더 가까이 배치했다. 과거에는 북한 지상군 전력의 약 70%를 평양~원산선 이남에 배치했으나 1998년 이후에는 휴전선에서 100km 이내(황해도 사리원~강원도 통천 라인 이남)에 북한 병력의 70%, 화력의 80%를 전진 배치하고 있다. 군사력의 재배치 없이 기습적으로 남침하려는 방법이다.

배합전이란 규모, 위치, 시간, 방식 등 다양한 차원의 배합을 통하여 전투의 시너지 효과를 극대화하고자 하는 전략이다. 이런 배합전략에는 정규전과 비정규전의 배합, 전후방 동시전

장화의 배합, 소부대 활동과 대부대 활동의 배합, 온라인(On-Line: 사상전, 사이버전)과 오프라인(Off-Line: 물리전)의 배합, 집중과 분산의 배합, 핵무기와 재래식 전력의 배합 등이 있다.

속전속결전이란 짧은 기간 내에 전쟁을 승리로 마무리하겠다는 전략이다. 예나 지금이나 북한이 가장 두려워하는 것은 유사시 투입될 미국의 군사력이다. 북한은 전쟁 지속력이 부족하여 미 증원군이 투입되기 이전에 전쟁을 조기에 종결짓고자 한다. 북한의 이른바 3~5일 작전계획이나, 또는 7일 전쟁계획 등이 조기에 전쟁을 종결하겠다는 전략에 바탕을 둔 작전계획이라고 할 수 있다.

김정은 시대 군사전략의 핵심은 '**핵무기**'다. 북한은 2013년 3월 조선노동당 제6기 제23차 당 전원회의를 개최하여 '경제·핵무력 건설 병진 노선'을 채택했고, 4월에 개최된 최고인민회의 제12기 제7차 회의에서는 '핵보유국 지위법'을 채택했다. 이 법 제2조에 "조선민주주의인민공화국의 핵무력은 세계의 비핵화가 실현될 때까지 우리 공화국에 대한 침략과 공격을 억제·격퇴하고 침략의 본거지들에 대한 섬멸적인 보복타격을 가하는 데 복무한다"는 핵무기 운용전략이 명시되어 있다. 제5조에는 핵선제불사용(no first use) 원칙을 밝히고 있다. 그러나 북한은 2016년에 개최된 제7차 당대회에서 "조국통일대전의 진군길을 열어제낄 정밀화, 경량화, 무인화,

지능화된 우리 식의 현대적이고 위력한 주체무기들을 더 많이 연구개발할 것"임을 천명하면서 **통일대전의 진군길에 핵미사일을 사용**할 것임을 명백히 밝히고 있다. 이를 위해 북한은 2014년에 핵무기를 운용할 전략군까지 창설했다.

북한은 공식적으로는 핵사용을 수세적 용도에 국한하고 있는 것처럼 보이지만, 실상은 전혀 그렇지 않다. 핵무기는 게임을 뒤엎을 수 있는 게임체인저(game changer)이자 절대무기이기 때문에 북한은 핵무기를 전평시 모두 활용하는 공세적 용도로 사용하고자 할 것이다. 평시에는 억제력의 역할뿐만 아니라 한국을 위협함으로써 이익을 도모하고자 하는 수단으로 활용할 것이다. 전시에는 전략적, 작전적 수준의 공격수단으로 활용할 것이다. 북한의 핵능력이 고도화될수록 북한은 더 많은 선택지를 확보하게 될 것이다.

북한 군사전략의 목표는 대남 적화통일이다. 수단은 재래식 전력과 핵무기를 포함한 비대칭적 전력이다. 방법은 여전히 전통적인 기습전, 배합전, 속전속결전 등이다. 그러나 북한이 핵미사일 등 비대칭무기를 집중적으로 개발함으로써 방법은 역동적으로 바뀌고 있을 뿐만 아니라 계속 진화하고 있다.

북한의 재래식 군사력은 낙후되었는가?

일부 군사전문가들은 북한의 재래식 군사력이 형편없다고 말한다. 연평해전과 연평도 포격도발에서 나타난 북한 재래식 전투력의 실상을 봤기 때문이다. 1999년 6월 제1차 연평해전이 발생했을 때 북한은 해군 경비정 1척이 침몰되고, 5척이 파손되었으며, 50여 명의 사상자가 발생했다. 한국 해군이 대승을 거둔 이유는 자동화와 수동화의 차이였다. 한국 함정들은 자동화되어 있었지만, 북한의 고속정이나 어뢰정과 경비정 등은 그렇지 못했다. 신형 함정과 구형 함정 간의 전투였다.

2010년 11월 연평도 포격 도발이 발생했을 때도 북한 재래식 전력의 실상이 그대로 드러났다. 북한은 130mm와 75mm 포, 그리고 122mm 방사포 등을 동원하여 포격도발을 했다. 북한은 연평도를 향해 약 170여 발의 포를 발사했다. 그러나 그중에서 약 반 정도만 연평도에 떨어졌고, 나머지는 바다에 떨어졌다. 불발탄도 20여 발이나 되었다. 연평도에 떨어진 포탄의 유효탄도 30% 정도에 불과했다. 이는 북한의 야전포들이 수명이 초과되어 제 기능을 수행하지 못한다는 것과 탄약 보급과 탄약 관리가 제대로 이루어지지 않고 있다는 것을 보여주었다.

그러나 이런 사례 몇 가지만 보고 북한의 재래식 전력을 과

소평가해서는 안 된다. 북한은 여전히 **대규모 병력**을 유지하고 있고 그 규모도 점점 커지고 있다. 북한의 병력은 87만 명(1988년) → 104만 명(1995년) → 117만 명(2000년) → 119만 명(2010년) → 120만 명(2014년) → 128만 명(2020년)으로 늘어났다. 6·25전쟁 때 20만 명이었던 북한군과 비교해보면 무려 6배 이상 늘어났다. 55만 명인 국군 병력보다도 2배가 훨씬 넘는다.

군 복무 기간도 무시하지 못한다. 옛날부터 군에서 내려오는 말이 있다. 상병 1명은 이병 3명의 전투력보다 낫고 병장 1명은 이병 4명의 전투력보다 낫다고 한다. 복무 기간이 길수록 그만큼 전투력이 높다는 의미다. 한국군의 복무 기간은 18개월 남짓이다. 그런데 북한군은 무려 120개월을 근무한다. 한국군과 북한군의 전투력이 18 대 120만큼 차이가 나지 않는다고 하더라도 전투력 숙달 정도에서는 차이가 날 것이라는 점을 무시해서는 안 된다.

기동력과 충격력의 핵심이라고 할 수 있는 북한의 **전차**도 급격히 증강되었다. 전차는 3,500대(1988년) → 3,800대(1995년) → 4,100대(2010년) → 4,300대(2014년)로 늘어났다. 6·25전쟁 때 242대 불과했던 북한의 전차가 무려 18배 가까이 늘었고, 탈냉전 직전과 비교해보아도 약 1.2배 정도 늘어났다.

재래식 화력의 핵심인 야포와 방사포 등 **화포**도 증강되었다. 화포도 7,800문(1988년) → 10,850문(1995년) → 12,500문(2000년) → 13,600문(2010년) → 14,100문(2014년) → 14,300문(2010년)으로 늘어났다. 6·25전쟁 때 728문에 불과했던 북한의 화포가 무려 20배 가까이 늘었고, 탈냉전 직전과 비교해보아도 1.8배 이상 늘어났다.

북한은 8,800여 문의 야포와 5,500여 문의 **방사포**를 보유하고 있다. 특히, 서울과 수도권을 표적으로 삼고 있는 사거리 40km 이상의 장사정포 전력은 170mm 자주포 100여 문, 240mm 방사포 240여 문 등 총 350여 문 등이다. 이들 장사정포는 시간당 최대 16,000발의 포탄을 수도권에 퍼부어 190km²의 면적을 초토화시킬 수 있다. 또한, 북한은 신형 방사포 개발에도 박차를 가하고 있다. 사거리 200km에 달하는 300mm 방사포는 평택 미군기지는 물론 육·해·공군의 본부가 있는 계룡대도 타격할 수 있다. 북한은 2019년과 2020년에도 구경 6연장(400mm 이상급) 궤도형과 구경 4연장(600mm급) 차륜형 초대형 방사포 두 종류를 시험발사했다. 4연장 및 6연장 대형 방사포는 단거리 탄도미사일급으로서 사거리가 최소 200km, 최대 400km에 달한다.

북한은 **다양한 미사일**을 보유하고 있다. 사거리 5,000km의 화성 12형, 사거리 10,000km에 달하는 화성 14형, 사거리 13,000km에 달하는 화성 15형과 화성 16형 등 중장거리 미사일뿐만 아니라 한국을 표적으로 하는 정교한 단거리 미사일도 많이 보유하고 있다. 북한은 2017년에 화성 12형, 14형, 15형을 시험발사하여 성공시켰으며, 2020년 10월 노동당 창당 기념 열병식에서는 화성 16형을 공개했다. 또한, 북한은 2019년에 단거리 미사일을 집중적으로 시험발사했다. 400mm과 600mm급의 **초대형 방사포**뿐만 아니라 사거리 600km의 회피기동이 가능한 **북한판 이스칸데르**와 사거리 400km의 수백 개 확산탄 능력을 갖추고 있는 **북한판 에이태킴스**(ATACMS)를 시험발사했다. 이런 신형 4종 탄도미사일은 매우 낮게 비행함으로써 요격을 피할 수 있고 회피기동을 하면서 정밀하게 표적을 타격할 수 있다. 사실 신형 4종 탄도미사일과 기존의 방사포들을 섞어 쏘면 속수무책일 수밖에 없다.

연평해전과 연평도 포격도발의 결과만 보고 북한의 재래식 전력을 무시해서는 안 된다. 대규모 병력이 10년씩이나 복무한다는 사실, 충격력의 핵심인 전차와 화력의 핵심인 야전포 및 방사포가 엄청나게 늘어났다는 사실, 그리고 미국을 위협하는 중장거리 미사일뿐만 아니라 한국을 위협하는 신형 4종 탄도미사일이 개발되어 실전 배치되고 있다는 사실을 깨달아야 한다. 20만 명에 달하는 북한 특수전 부대와 70여 척에 달하는 북한 잠수함(정), 그리고 저공침투가 가능한 300대에 달하는 AN-2기도 무시하지 못할 재래식 전력이다.

북한의 사이버 공격은 얼마나 위협적인가?

사이버전이란 컴퓨터 시스템 및 데이터 통신망 등을 교란·마비·무력화함으로써 적의 사이버 체계를 파괴하고 아군의 사이버 체계를 보호하는 것을 말한다. 북한은 일찍 사이버전에 눈을 떴다. 세계 최고 수준의 한국 IT 환경과 세계 최악 수준의 북한 IT 환경의 비대칭성을 오히려 역으로 활용할 방법을 찾아냈다. 북한은 사이버전만 제대로 수행한다면 한국의 국가기관, 기간산업, 군수산업, 군 지휘망 등을 마비 및 무력화시킬 수 있다고 생각했다. 사이버 공격에는 공간과 시간의 제약이 없고 책임 추궁이 어렵다는 강력한 이점이 있기 때문이다. 김정일은 1995년 코소보 전쟁 이후 "**21세기 전쟁은 정보전쟁**"으로 규정하고 사이버전 능력을 강조했다. 김정은도 2013년 사이버전을 핵·미사일과 함께 군대의 무자비한 타격 능력을 담보하는 '**만능의 보검**'이라고 했다.

우리의 「2020 국방백서」에 의하면, 북한의 사이버 전사는 6,800명 정도로 추산된다. 북한은 영재들을 선발하여 '컴퓨터 수재 양성반'에서 교육하고, 졸업 후에는 인민군 총참모부 산하의 평양지휘자동화대학(미림대학)이나 모란봉대학에서 3~5년간 특별교육을 한다. 이런 과정을 거쳐 사이버 전사가 탄생하는데, 졸업 후에는 정찰총국이나 군부대에 배치된다. 북한 사이버전 전담부대 인원은 김정은 집권 이후 2배 이상 증가했다.

북한은 1998년부터 사이버 심리전을 펼치기 시작했으며 2004년 중반부터는 중국 단둥(丹東)을 거점으로 사이버 부대를 운용했다. 2009년 2월에는 대남·해외 공작업무를 총괄하기 위해 기존 인민무력부 산하 정찰국과 노동당 산하의 작전부, 그리고 35호실 등 3개 기관을 통합하여 정찰총국을 만들고 전자정찰국 사이버전지도국(121국)도 정찰총국 산하로 편입시켰다. 이로써 북한의 사이버전 부대가 오늘의 모습을 갖추게 되었다.

북한은 2004년부터 본격적으로 사이버전을 전개하기 시작했다. 2004~2007년 사이에는 단순히 자료절취를 위해 국내기관의 홈페이지나 관련자 이메일을 해킹하는 정도였다. 그러나 김정은 등장 이후에는 채팅·백신·자료공유(P2P) 사이트 등을 이용한 대규모 사이버 공격으로 발전했고, 공격기술도 다양화되고 고차원화되어가고 있다.

국정원은 2020년 국회 정보위 국정감사에서 "올해 국가 공공분야에 대한 사이버 공격 시도가 하루 평균 162만 건"이라

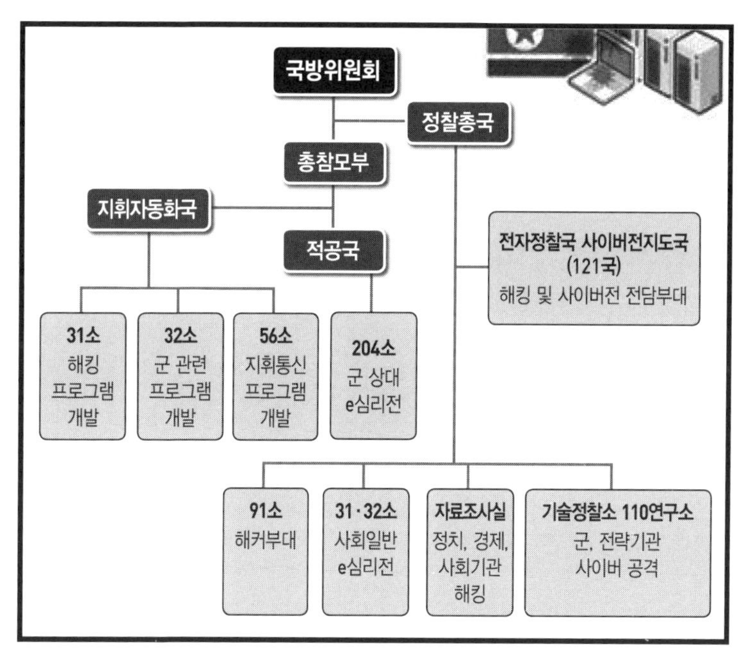

〈그림 1〉 북한 사이버부대 지휘체계

〈표 1〉 북한 사이버 공격 사례

연도	내 용	연도	내 용
2004	국회, 원자력연구소, 국방연구원, 국방과학연구소 등 PC 600여대 해킹	2009	7.7 디도스 대란
2010	통일부, 외교부, 국방부 해킹	2011	청와대, 언론사 공격, 농협전산망 디도스 공격
2012	중앙일보 서버 해킹	2013	신한은행, 농협, 언론사 등 해킹
2014	군 인터넷망 해킹, 한수원 서버 해킹	2015	미국 소니픽처스 해킹, 서울지하철 해킹
2016	정부 주요인사 스마트폰 해킹 국방통합데이터센터 해킹	2017	한국은행 서버 해킹 시도 빗썸 등 가상화폐거래소 공격
2018	정부기관 및 대북단체 사이버 공격	2019	통일부, 경찰청, 가상화폐거래소 피싱 공격
2020	국내외 제약사 9곳 해킹 시도	2021	한국항공우주산업(KAI), 한국원자력연구원 해킹,

고 밝혔다. 2016년의 41만 건과 비교해보면 약 4배 가까이 급증했다. 또한, 해킹 공격의 주체는 북한이 가장 많았고, 수법으로는 메일 유포가 84%에 육박했다고 했다. IP(Internet Protocol) 발신지가 중국으로 확인되는 해킹 시도도 많이 늘어나고 있다. 중국발 사이버 공격은 2017년 1,051건 → 2018년 5,048건 → 2019년 10,655건 → 2020년 1,0897건으로 급증세이고, 2021년 상반기만 해도 11,228건으로 이미 지난해 수준을 넘어섰다.

북한은 사이버 공격의 진원지가 북한이 아니라는 것을 숨기기 위해 해외에 거점을 두고 해킹 조직을 운영한다. 대표적인 해킹 그룹은 라자루스(Lazarus), 블루노프(Bluenorff), 안다리엘(Andariel) 등이다. 특히 라자루스는 보안전문가 사이에서 대단히 유명한 해킹 그룹이다. 라자루스는 2012~2013년 사이에 한국의 금융기관에 대해 집중적으로 사이버 공격을 단행한 바 있다. 북한 해커 조직은 사이버 공격을 통해 자금도 확보한다. 유엔 대북제재위원회는 2021년 3월 북한이 2019~2020년 사이에 해킹으로만 3억 1,640만 달러를 탈취했다고 발표했다.

북한의 사이버전은 개인과 공공기관 차원을 넘어 안보 및 무기체계 관련 연구소와 군의 지휘체계로 옮겨가고 있다. 한반도 유사시 북한은 부대 전개나 부대 이동과 관련된 정보가

〈표 2〉 북한의 주요 해킹 조직 및 공격대상

해킹 조직	공격대상	목적
라자루스	정부, 금융, 방송	사회적 혼란, 정보 탈취, 금전 이득 등
APT38	전 세계 금융산업, 암호화거래소, 스위프트(SWIFT)	
스카크러프트(APT37) & 김수키	탈북자, 정치인, 통일 관련 연구원 및 정부기관, 금융사 특정 업무 담당자	
안다리엘	국내 금융, 방산, 민간 기업, 보안 솔루션 업체, 정부기관	

전달되는 네트워크를 파괴하거나 교란시킬 수 있다. 또한, 전쟁에 필요한 탄약, 연료, 부품 등의 운송에 혼란을 초래함으로써 전쟁 승패에 큰 영향을 미칠 수 있다. 북한은 20년 가까운 사이버전 경험을 통해 전시에 이를 활용할 방법을 끊임없이 모색하고 있다.

북한의 사이버 위협은 평시에도 심각한 문제이지만 전시에는 가공할 위협이 될 것이다. 그들이 군사작전에 나선다면 그 이전이나 또는 군사작전과 동시에 대대적인 사이버 공격으로 대한민국을 마비시키고 대혼란에 빠뜨려 우리의 대응을 무력화시키려 할 것으로 예상되기 때문이다.

북한의 위협을 무시해도 되는가?

행복과 불행이 동전의 양면이듯이 전쟁과 평화도 동전의 양면과 같다. 그러나 사람들은 평화를 부르짖으면서 전쟁을 애써 외면하려고 한다. 평화를 부르짖는 사람들을 지식인으로, 전쟁에 대비해야 한다고 주장하는 사람들을 반(反)지식인으로 치부하기도 한다. 일찍이 로마의 장군 베게티우스(Vegetius)는 "평화를 원하거든 전쟁에 대비하라(Si vie pacem, para bellum)"는 유명한 경구를 남긴 바 있다. 진정한 평화는 평화를 부르짖는다고 오는 것이 아니라 전쟁에 철저하게 대비해야만 평화가 보장된다는 뜻이다.

전쟁은 하늘과 우주, 땅, 그리고 바다에서만 일어나는 것이 아니다. 사이버 공간에서도 일어나고 사람의 마음을 사로잡는 심리적 과정에서도 일어난다. 또한, 전쟁은 상대방보다 경제력이나 군사력이 우월하다고 해서 승리하는 것도 아니다. 그런데도 한국 사회에서는 한국의 GDP가 북한의 50배가 넘고 또 한국의 1인당 국민소득이 북한의 30배 가까이 되기 때문에 북한이 전쟁을 일으키지 못할 것이라고 예단하는 사람들이 있다.

그러나 20세기 이후의 사례만 간단히 살펴봐도 역사는 그렇지 않다는 것을 보여준다. **중국공산혁명전쟁**은 마오쩌둥(毛

澤東)이 장제스(蔣介石)가 이끄는 국민당 군대를 상대로 군사적 성과를 얻기보다는 중국 인민대중들의 '마음'을 얻고 이들의 지원에 힘입어 최종적인 승리를 거둘 수 있었음을 보여준다. **베트남전쟁** 역시 북베트남의 지도자인 호치민(胡志明)과 보응우옌잡(武元甲)이 남베트남의 농촌지역을 중심으로 근거지를 마련하고 정부 주요기관과 사회지도층으로 세력을 확대했으며, 유격전전략을 통해 집요하고 광범위한 투쟁을 전개함으로써 종국에는 미군을 철수시키고 군사적 승리를 거둘 수 있었다. **아프가니스탄전쟁**은 미국이 아프가니스탄에 2조 2,000억 달러에 달하는 전비와 2,000여 명 이상의 전사자를 내면서 신생 아프간 정부를 지원했지만, 아프간 정부의 무능과 부패로 인해 탈레반에 의해 정부가 전복되는 결과를 가져왔다.

적화통일하겠다는 북한의 전략은 변함이 없다. 북한이 한국보다 잘살았던 1960년대에도 그랬지만 지금도 변함없다. 노동당 규약의 어구(語句)가 바뀌었다고 해서 북한이 적화통일을 포기한 것이라는 희망찬 결론을 내려서는 안 된다. 주한미군을 철수시키고 종국적으로 미국을 몰아낸 뒤, 한국의 합법적인 정부를 전복시키고 새로운 친북 정부를 세워 그 정부와 같이 연방제 통일을 하겠다는 북한의 전략에는 변함이 없다.

북한의 경제력이 약하다고 해서 군사력마저 형편없으리라

생각해서는 안 된다. 북한은 경제적인 이유로 한국과 대등한 수준의 재래식 전력 확보보다는 오히려 비대칭 전력 확보에 주력했다. 북한은 핵무기를 비롯하여 다양한 사거리의 미사일, 방사포, 특수전 부대, 그리고 사이버전 능력 등 비대칭 전력을 확보했다. 북한은 이런 비대칭 전력을 주무기로 기습전, 배합전, 속전속결전 등을 수행하여 조기에 한반도를 석권하려 할 것이다.

위기란 어떤 행위주체가 중요하게 여기는 가치가 위협받게 되어 즉각적인 대응이 필요하다고 인식하는 상황을 말한다. 위협을 인식하지 못하는 자에게 위기란 있을 수가 없다. 북한은 핵미사일 실험 및 시험발사, 북방한계선 무력화 시도, 해킹 및 사이버상의 심리전, 그리고 공갈 협박이 담긴 김여정 담화 등을 통해 끊임없이 한국을 위협하고 있다. 이를 무시해도 되는가? 위기를 제대로 인식해야 이를 극복할 수 있는 대안을 마련할 수 있다.

제3장

생존 위협인 북한 핵에 어떻게 대처할 것인가?

김태우

National Security Leadership

북한 핵, 감기인가 암인가?

북한 핵은 대한민국이 당면한 가장 심각한 생존 위협이다. 북한 핵 문제 해결의 실마리는 30여 년이 넘도록 전혀 풀릴 기미가 보이지 않고 있다. 북한 핵 문제를 해결하기 위한 국제사회의 노력도 계속되었지만, 북한은 여섯 차례의 핵실험을 실시하여 사실상 핵보유국이 되었으며 그들의 핵 무력은 지금도 증강되고 있다. 그러는 동안 북한 핵의 최대 피해 예상국인 한국의 대북 정책은 냉탕과 온탕을 오가는 갈지(之) 자를 걸어왔다. 유엔안보리가 채택한 11개의 대북 제재 결의나 북한과의 핵 협상도 아무런 성과를 거두지 못했다. 북한은 핵 협상을 하면서도 뒤로는 핵무기 개발을 계속하는 이중전략을 펴왔기 때문이다.

세계가 북한의 핵 무장을 우려하고 있음에도 북한 핵에 대한 우리 국민의 감정은 무디어졌다. 암 환자가 오랫동안 투병을 하면서 자신의 병이 생명을 앗아갈 수 있는 암이라는 사실을 잊고 감기로 오해하듯, 많은 국민은 어느 때부터인지 북한 핵을 별것 아닌 것처럼 여기고 있다. 특히, 문재인 정부가 한반도 평화정착을 목표로 종전선언과 평화협정에 집착해왔고 많은 정치인들도 북한 핵 문제를 방조하면서 북핵 위협에 대한 대처는 뒷전으로 밀려났다.

그 결과 국민은 북한 핵이 초래할지도 모르는 끔찍한 위험에 대해 무신경해졌으며, 북한 핵에 대한 오해와 환상은 위험 수준으로 확산되었다. "북한이 핵을 가지고 있어도 사용하지 못할 것이므로 괜찮다", "통일되면 북한 핵도 우리 것이 되므로 그냥 두어도 된다"고 하는 것이 북한 핵에 대한 대표적 오해들이다. 북한 핵은 무시하고 살 수 있을 정도의 '감기'가 아니라 대한민국의 생존을 위협하는 '암'이라는 사실을 잊어서는 안 된다.

북한의 핵개발은 6·25전쟁 직후 시작되었다

북한의 핵개발은 적화통일을 위한 남침전쟁의 실패에 따른 김일성의 한(恨)에서 시작된 국가적 사업이다. 1950년 남침한 북한군은 한 달 만에 낙동강 교두보를 제외한 남한 대부분을 점령하는 등 공산통일을 목전에 두었지만, 미군을 주축으로 한 유엔군의 참전으로 김일성의 적화통일의 꿈은 산산조각이 났다. 이때부터 김일성은 미군을 추방하고 적화통일을 실현하기 위해서는 핵무기 개발이 필수적이라고 판단했다.

그래서 전쟁이 끝난 해인 1953년, 북한은 소련과 원자력협력협정을 체결했다. 1954년에는 김일성이 소련에 핵무기 몇 개를 넘겨줄 것을 요청했다가 거절당하기도 했다. 어쨌든 북한은 이때부터 독자적으로 핵개발을 시작했고, 이에 필요한 기술은 소련이 제공했다. 김일성의 의지에 따라 북한은 1950년대 중반부터 핵과학자를 양성했고, 1960년대에는 영변과 박천에 원자력연구소를 설립했고, 1963년에는 소련으로부터 IRT-2000 연구용 원자로를 제공받았다. 1970년대에는 영변 핵연구단지 건설에 착수하여 5MW 연구용 원자로는 1986년부터 가동되었고, 방사화학실험실(재처리시설)은 1989년에 부분 가동이 시작되었다. 1989년 영변의 핵시설들이 프랑스의 상업위성에 포착되면서 북핵 문제는 엄중한 국제 이슈로 부상했다.

이후 대화와 설득 그리고 대치와 위기라는 우여곡절을 겪게 되었지만 북한의 핵무력 건설은 최우선 국가사업이자 유훈사업으로 김정일과 김정은에게 계승되어 지속되었다. 북한은 핵무기의 주요 투발수단인 미사일 개발에도 박차를 가하여 대륙간탄도미사일(ICBM), 잠수함발사탄도미사일(SLBM) 등을 보유한 미사일 강국으로 부상했다.

대북 유화책 또는 강경책으로 북한 핵을 포기시킬 수 있을까?

여태껏 북한 핵을 포기시키지 못한 원인을 보는 국내 시각은 둘로 나뉜다. 좌파들은 우파 정권들이 냉전적 대북기조에 연연했기 때문이라고 한다. 우파들은 좌파 정권들이 '남북화해 정치(politics of inter-Korean detente)'에 함몰되어 핵 문제를 외면한 채 '퍼주기'로 일관한 결과 핵무기라는 부메랑으로 되돌아왔다고 주장한다. 비슷한 맥락에서, 미국에서도 두 시각이 존재한다. 진보적 인사들은 미국이 북한의 '체제 보장'과 '적대정책 포기' 요구에 유연하게 화답하지 않고 제재 일변도로 간 것이 실패의 원인이라 본다. 보수적 인사들은 '전략적 인내'라는 미명 하에 북한의 핵 및 미사일 활동을 방치했던 오바마식 '무대책 전략'이 문제였다고 지적한다. 하버드대 핵 문제 전문가 그레이엄 앨리슨(Graham Allison) 교수는 9·11 테러 이후 북한 핵 문제를 외면한 채 중동의 대테러 작전에 집중했던 부시(George W. Bush) 행정부의 '잃어버린 8년'이 북한 핵 문제를 악화시켰다고 주장한다. 보수와 진보를 넘어 참모와 전문가의 의견을 무시한 '원맨쇼'를 통해 북한을 쳐부술 듯 기염을 토하다가 급변하여 김정은 위원장과의 '브로멘스(bromance)'를 자랑하는 등 냉탕과 온탕을 오간 트럼프(Donald Trump) 대통령의 '예측불가하고 무원칙적인 접근'이 문제였다고 말하는 사람들도 있다.

하지만 북핵 문제가 확대되어온 핵심적 원인은 따로 있다. 첫째는 평양 정권이 가진 백절불굴(百折不屈)의 핵보유 동기다. 그들에게 핵무기는 한반도의 군사균형을 붕괴시키고 한국을 핵 인질로 만드는 수단이며, 한미동맹을 이완시켜 주체통일의 여건을 조성하는 것은 물론 최강국 미국과 '외교적 맞장'을 뜰 수 있게 하는 요술지팡이라는 것이 공세적 차원의 핵 보유 동기다. 또한 핵무기는 강력한 보복응징을 위협함으로써 미국의 선제공격을 억제할 수 있을 뿐 아니라 우월한 경제력을 가진 한국에 의한 흡수통일을 저지할 수 있는 수단이며, 대내적으로 수령절대주의 체제의 정당성을 강화하는 선전 수단이라는 점 등이 수세적 차원의 핵 보유 동기다. 이처럼 강력한 핵 보유 동기를 가졌기에 북한은 핵 협상에서 주변적 양보조치를 수용할 용의는 보였지만 '핵 보유 기정사실화'라는 핵심 목표를 포기한 적은 없었다.

신냉전으로 치닫고 있는 국제질서가 두 번째 원인이다. 미중 신냉전 하에서 중국이 러시아 및 북한과의 결속을 통해 미국이 주도하는 해양세력에 대항하고 있기 때문에 미국은 북한 비핵화를 위해 물리력을 동원하기 어려웠다. 이 구도 하에서 중국과 러시아는 유엔에서는 북한 핵에 반대하면서도 뒤로는 북한 핵 증강을 방치하거나 조력하면서 북한 정권과 체제를 비호하는 이중 플레이를 지속해왔다. 북한이 핵실험이나 미사일 발사로 핵 문제를 부각시킬 때마다 미국과 중국 및 러시아가 대립하는 양상을 보였다는 점에서 북한 핵은 신냉전의 촉매제이지만 중국과 러시아가 북한 핵을 두둔한다는 점에서는 신냉전에 기생하는 존재이기도 하다.

그래서 1990년 전후 북한 핵이 본격적인 국제 문제로 부상하면서 이를 해소하기 위해 시작된 대화 노력은 모두 무위로 끝났다. 1990년대 초 동구 공산권 몰락, 소련의 해체 등으로 위기의식을 느낀 북한은 남북대화에 나섰고 그 산물로 '남북 사이의 화해와 불가침 및 교류·협력에 관한 합의서(기본합의서)'와 '한반도 비핵화 공동선언'이 도출되었지만, 북한이 비핵화를 할 생각으로 서명한 것은 아니었다.

미국과 북한 간 비핵화 협상에서 도출된 1994년의 제네바 핵합의(Agreed Framework)도 북한의 사기극으로 파기되었다. 이 합의에 따라 북한은 영변 핵시설의 가동과 건설 중이던 원자로의 건설을 동결했다. 그 대가로 미국은 신포에 1,000MW급 경수로 원전 2기를 건설해주고 완공 시까지 매년 중유 50만 톤을 제공하기로 했다. 김영삼 정부는 공사비 46억 달러의 70%를 한국이 부담하기로 하고 북한 원전 건설에 참여했다. 하지만 북한이 우라늄 농축을 통한 핵무기 개발을 위해 파키스탄과 비밀 접촉을 시도한 정황이 포착되면서 제네바합의는 파탄에 이르렀다.

남북한과 주변 4개국이 참여한 6자회담은 2003년 8월부터 2008년 12월까지 모두 12차례 열렸다. 그 기간 중 북한이 모든 핵 프로그램의 폐기를 약속한 2005년의 9·19 공동성명,

북한이 핵시설에 대한 '폐쇄(shutdown), 봉인(sealing) 및 불능화(disablement)'에 합의한 2007년 2·13합의, 2·13합의를 재확인한 10·3합의 등 세 차례 합의가 있었지만, 앞으로는 비핵화에 합의하면서 뒤로는 핵개발을 지속하는 북한의 이중전략을 막지 못했다. 9·19 공동성명은 북한이 미국이 돈세탁 혐의로 방코델타아시아은행(BDA)의 북한 계좌를 동결한 것에 항의하면서 2006년 10월 첫 핵실험을 강행하면서 파기되었다. 2007년 2·13합의와 이를 재확인한 10·3합의는 북한의 핵시설 신고 거부, 북한이 신고한 플루토늄 생산량에 대한 논란, 핵 검증 방식과 강도, 검증 대상 시설에 대한 이견 등으로 좌초되고 말았다.

결국 북한은 2006년 10월 9일부터 2017년 9월 3일에 이르기까지 여섯 차례의 핵실험을 강행했고, 이로 인해 유엔안보리와 개별국가들의 강력한 제재를 받게 되었다. 안보리 제재는 2006년 7월 15일자 안보리 결의 제1695호에서 2017년 12월 22일 제2397호에 이르기까지 11차례에 걸쳐 이뤄졌고, 그중에서도 제2270호(2016년 3월 2일)에서 제2397호에 이르는 6개의 제재는 가혹한 것이었다. 제재 내용은 석탄·철광 수출 제한 및 항공유 구매 제한(제2270호), 광물수출 금지 확대(제2321호), 해산물 수출 금지 및 해외인력 송출 금지(제2371호), 섬유류 수출 금지와 원유 및 석유정제품 수입 제한(제2375호), 석유정제품 수입 제한 확대, 해외인력의 2년 내 귀환과 해상차단 강화(제2397호) 등 다양하고 강력했지만, 북한이 핵을 포기하게 만들지는 못했다.

한국이 북한의 강력한 핵 보유 동기를 압도할 수 있는 지렛대를 갖고 있지 못한 상황에서 한국 정부가 아무리 유화책이나 강경책을 편다 해도 북한이 핵을 포기할 가능성은 희박하다. 심지어 강력한 대북 지렛대를 가지고 있는 미국과 국제사회조차도 신냉전 구도 하에서 당장 북한 비핵화를 강제할 방도는 없어 보인다.

따라서 북한이 핵무기를 포기하는 것은 극단적인 경우에만 가능할지 모른다. 핵 보유가 북한 체제에 오히려 위협적이라고 판단하는 경우, 미국과 중국 간의 역학구도 변화로 중국이 북한 핵을 포기시키는 것이 자신에게 유리하다고 판단하여 적극적으로 북한을 압박하는 경우, 미국이 강제력을 행사하거나 북한이 원하는 것을 모두 들어주는 경우 등이다.

그러나 중국이 북한을 비호하고 있는 상황에서 미국이 북한에 대해 강제력을 행사하기가 쉽지 않고, 북한의 요구들을 모두 들어주기도 어렵다. 그러기 위해서는 북한 체제의 안전을 보장하고 천문학적 규모의 보상을 제공해야 하는데, 인권 최악의 정권에 대해 미국이 체제 안전을 보장하고 막대한 보상을 하는 것은 상상하기 어렵다.

북한의 핵무기 개발은 적화통일이 목적이다

과거에도 미국과 북한 간에 위기가 고조된 적은 종종 있었지만, 근년에 핵전쟁 위기가 고조된 것은 2017년이었다. 그도 그럴 것이 2017년 동안 북한은 대륙간탄도미사일급인 화성 15호 발사를 포함하여 도합 19차례나 미사일을 시험발사하고 제6차 핵실험도 강행했다. 이에 따라 미국과 북한 간에 긴장이 최고조에 달하면서 그해 한 해 동안 한반도에 전쟁이 일어날 수 있다는 전쟁 위기설이 파다했다. 이 무렵 미국 정가(政街)에서는 주한미군 가족을 철수시켜야 한다는 말이 나왔고, 미국과 일본의 일부 지역에서는 북한 핵공격에 대비한 대피훈련이 실시되기도 했다.

한국을 공격할 미사일이라면 사거리 1,000km면 충분한데 북한이 굳이 미국을 겨냥할 수 있는 대륙간탄도미사일과 잠수함발사탄도미사일의 개발에 집착하는 이유는 무엇일까? 미국과의 핵전쟁을 염두에 둔 것일까? 절대로 그렇지 않다. 빈소국(貧小國) 북한이 6,000개 이상의 핵무기를 보유하고 있고 핵공격에 대응하기 위한 강력한 3축 체제를 갖춘 미국과 핵전쟁을 벌인다는 것은 상상할 수 없는 일이다. 3축 체제란 누구든 미국을 향해 핵공격을 가하면 지상과 공중 그리고 바다에 분산배치되어 있는 핵무기들로 가공할 응징보복을 가하는 핵태세를 말한다.

그럼에도 불구하고 북한이 미국을 상대로 핵공격을 하겠다고 위협하는 것은 얼핏 보면 자멸을 자초하는 미친 행동처럼 보이지만, 사실은 지극히 계산적인 치킨게임(겁주기 게임)이자 매우 영리한 벼랑 끝 게임이다. 북한이 미국 본토와 미국의 아시아 군사기지들에 대해 핵공격을 하겠다고 위협하면서 일촉즉발의 위기를 조성하는 것은 전략 용어로는 '비합리의 합리화(Rationality of Irrationality)' 게임, 즉 겉으로는 미친 척 오기를 부리지만 실제로는 그것을 통해 얻어낼 수 있는 반대급부를 계산하는 냉정함을 발휘하는 '계산된 광기(狂氣)'라 할 수 있다.

북한이 이 게임을 통해 노리는 목표는 세 가지라고 볼 수 있다. 첫째, 북한은 '계산된 광기' 게임을 통해 한미동맹의 이완 및 해체를 노린다. 그러기 위해서는 미국 본토와 미국의 해외 자산을 위협할 수 있는 장거리 투발수단들이 필요하다. 북한의 핵 위협이 가중될수록 미국 국민은 "한국을 돕기 위해 미국의 도시들과 해외 기지들이 핵공격 위협을 받아야 하는가"라는 질문을 던지기 시작할 것이다. 그것이 북한이 노리는 동맹 이완 효과다.

북한이 2019년부터 과시하기 시작한 '북한판 이스칸데르(Iskander)'로 불리는 KN-23 미사일은 한미동맹 이완을 목표로 하고 있는지 모른다. 원래 이스칸데르 미사일은 미국이 유럽에 건설한 미사일방어망을 돌파하기 위해 러시아가 개발하여 2013년 서부 접경지역에 배치했던 변칙기동 단거리 탄도미사일이다. 변칙기동 단거리 탄도미사일은 기본적으로는 자유낙하 궤적을 따라 목표물에 접근하는 탄도미사일이면서도 비행 중간에 상승과 하강을 하도록 만든 것이어서 기존의 미사일방어망으로는 요격할 수 없는 공격무기다. 북한이 이 미사일을 보유했다는 것은 한국군의 PAC-2 요격미사일이나 주한미군의 사드(THAAD) 체계가 무력화될 수 있음을 의미한다. 이처럼 KN-23 미사일은 한국군뿐 아니라 주한미군을 볼모로 삼는 무기라는 점에서 대남용 및 대미용 무기라 할 수 있다. 이렇듯 북한은 대미 핵 게임을 통해 미국의 여론을 흔들고 동맹을 흔들어 미국의 한국 배제(Korea passing)를 유발하고, 궁극적으로 미국의 영향력을 한반도로부터 이탈시켜 적화통일의 여건을 조성하고자 한다.

둘째, 북한의 핵 게임은 미중 신냉전을 심화시켜서 중국을 북한 체제를 지켜주는 수호자로 만드는 데에도 기여한다. 현재 동북아에는 군사·경제 강국으로 부상한 중국이 러시아와의 전략적 제휴 및 북중동맹을 등에 업고 미국과 그 동맹국들을 견제하는 신냉전의 열기가 뜨거워지고 있다. 이 구도 하에서 북한 핵은 미국과 그 동맹국들을 견제해주는 중국의 전략적 자산이기도 하다. 중국이 겉으로는 유엔의 대북제재에 동참하면서도 뒤로는 북한 핵을 비호하는 이중 플레이를 하는 이유도 여기에 있다. 또한, 북한 핵은 중국이 한국의 사드 배치를 문제 삼아 보복한 사례에서 보듯 중국의 '한국 때리기'를 촉발하기도 한다.

셋째, 북한의 핵 게임에는 방어적 목적도 있다. 북한은 미국을 대상으로 핵전쟁을 도발할 수는 없지만, 미국의 군사행동에 대비해 감내하기 어려운 수준의 피해를 입힐 수 있는 보복수단을 갖추고 있어야 미국의 선제적 행동을 억제할 수 있다고 판단하고 있는 것이다. 이런 맥락에서, 공격형 무기이자 응징보복 수단이기도 한 잠수함발사탄도미사일은 북한의 방어적 수요를 충족시키는 데에도 결정적으로 기여할 수 있다.

북한이 핵을 가져도 사용하지 못할 것이니 걱정할 것 없다?

두 사람이 산행을 하고 있다고 가정해보자. 길은 외길이고 날은 저물었다. 동행하는 것 이외에 다른 방도가 없다. 한반도가 그렇다. 싫든 좋든 협소한 공간에서 남북이 공존해야 한다. 그런데 옆에 가던 사람이 칼을 꺼내서 나뭇가지들을 치면서 위협적인 행동을 보인다. 그와 동행하던 사람이 "이보시오, 무서우니 그 칼 치우고 편하게 걸읍시다"라고 요구하자, 상대는

"걱정마시오. 이 칼을 설마 당신한테 사용하겠소?"라고 반문한다. 그러면 안심하고 그와 함께 산행을 계속해야 하나? 칼을 휘두르는 그가 폭력 전과자인데도 그래야 하는가?

미국 핵우산 때문에 북한이 핵을 사용할 수 없을 것이니 걱정할 것이 없다고 말하는 사람은 북한을 추종하는 종북좌파이거나 철부지 둘 중 하나다. 핵전문가들은 북한 핵은 한국에 네 가지 핵 악몽을 강요하고 있다고 주장한다.

첫째, 북한 정권의 손에 핵무기가 들려 있는 한 절대 사용하지 않으리라는 보장이 없다. 우선, 북한이 국지도발을 기정사실화하는 강압 수단으로 핵을 사용할 수 있다. 북한이 북한에 근접한 한국령 도서를 전격 점령한 후 해상에 핵을 투하하여 위력을 과시하거나 핵으로 위협하며 한국군에게 탈환을 시도하지 말라고 경고하면 어떻게 할 것인가? 실제로 북한이 핵을 사용한다면 그 대상은 한국뿐이다. 그뿐만 아니라 북한 내부의 반란이나 컴퓨터 오작동 등 사고에 의해 핵이 발사될 가능성도 존재한다. 또한 북한의 핵이 테러 집단의 손에 넘어가 제3국을 향해 사용될 가능성도 배제할 수 없다.

둘째, 핵무기는 사용하지 않고 가지고만 있어도 주위에 영향을 미치는 정치·외교적 무기이기 때문에 북한 핵은 한국 정부와 국민을 심리적으로 압박하고 위축시킴으로써 남북관계를 왜곡시킬 수 있다. 남북 간 핵 비대칭 상황이 지속되면 한국은 번번이 평양의 눈치를 봐야 하고 남북관계는 '포식자(predator) 대 피식자(prey) 관계'로 전락할지도 모른다. 솔직히 말해, 남북관계는 이미 이 길로 들어서고 있다.

셋째, 앞에서 언급한 바와 같이 북한 핵은 한미동맹을 이완시키고, 궁극적으로 동맹 해체와 주한미군 철수를 유발할 수 있다. 이는 북한이 끈질기게 추구했던 적화통일을 위한 결정적 여건이 조성됨을 의미한다.

넷째, 북한 핵은 적화통일을 강제하는 강력한 강압수단이 될 수 있는 동시에 한국에 의한 흡수통일을 예방하는 확실한 억제수단이 된다는 것이다. 역사적으로 안보역량이 큰 나라가 스스로 체제와 주권을 포기하고 안보역량이 작은 나라에 흡수되어 통일된 사례는 없다. 헌법에 규정된 '자유민주 질서에 입각한 평화통일'은 북한이 스스로 체제를 포기하고 한국 쪽으로 걸어 들어올 때에만 가능한데, 북한이 핵무장을 하고 있는 핵 비대칭 상태에서는 꿈도 꿀 수 없는 일이다. 더구나 한국이 큰 혼란에 빠지고 북한이 이를 기화로 적화통일을 이루려고 할 경우, 북한의 핵은 한국군이나 주한미군으로 하여금 저항을 포기하게 만드는 압박수단이 될 수 있다.

통일되면 북한 핵도 우리 것이 되니 반대할 필요 없다?

"북한 핵도 통일되면 우리 것이 된다"는 주장은 '좌파의 핵무장론'이며, 김진명의 소설 『무궁화 꽃이 피었습니다』를 기화로 확산되기 시작했다. 한국이 핵을 가진 북한과 협력하여 일본을 혼내준다는 스토리가 많은 사람들에게 카타르시스를 제공한 것은 사실이다. 그래서 로맨틱 민족주의에 빠진 철부지들이 이 소설에 열광했고, 거기에 편승한 것이 북한 핵을 용인하고 싶어 하는 좌파들이었다. 물론, 이 주장은 지금도 심심찮게 들린다.

2006년 7월 부산에서 열린 남북 장관급회담에서 북측 수석대표 권호웅 내각책임참사는 "남한 대중들도 선군정치의 은덕을 입고 있다"고 하면서 "공화국의 핵무기가 남한도 보호한다"고 주장했다. 당시는 2006년 7월 5일 대포동 2호 미사일, 로동 미사일, 스커드 미사일 등 7기의 미사일을 발사하여 유엔 안보리가 북한에 대한 제재결의 제1695호를 채택하는 등 긴장이 고조된 시기였고, 북한의 첫 핵실험을 앞둔 시점이기도 했다.

놀랍게도 한국 내에서 권호웅의 주장에 동조하는 사람들이 적지 않았다. 북한의 첫 핵실험 직후 인터넷에는 환영하는 글들이 많이 올라왔고, "10월 9일을 민족적 경축일로 삼자"는 선전문구도 등장했다. 일부 정치인들도 "북핵은 미국과 일본을 겨냥하는 것"이라면서 북핵 무해론을 개진했고, 12월 7일 호주를 방문한 노무현 대통령도 동포간담회에서 "북핵은 자위수단일 뿐 동족인 남한을 겨냥하지 않는다"고 말했다. 물론, 좌파들의 이런 주장에는 "민족공조를 추진함에 있어 북핵을 장애물로 간주할 필요가 없다"는 속내가 감추어져 있다. 좌파의 주장이든 철부지들의 주장이든 이 같은 주장은 두 가지 이유로 허구에 지나지 않는다.

첫째, 전술한 바와 같이 북한이 핵을 가진 상태에서는 자유민주주의 통일이 불가능하다. 북한이 핵을 가지고 한국에 대해 갖가지 위협을 가하고 있는 상황에서 한국 주도의 통일이 가능하겠는가? 한국은 북한을 죽일 수 없고 북한은 한국을 죽일 수 있는데, 북한이 자신들의 체제가 남한으로 흡수되는 것을 지켜만 보겠는가? 그럼에도 북한이 핵을 가지고 있어도 통일이 될 수 있다고 한다면 그것은 한국이 북한에 흡수되는 통일일 수밖에 없다.

둘째, 주변국들은 한반도에 '핵무장 통일국가'가 등장하는 것을 원하지 않는다. 실제로 한반도가 통일되기 위해서는 주변 강대국들의 동의가 필요하며, 이는 설령 남북 특정 체제 하의 평화적 통일에 합의한다고 하더라도 마찬가지다. 미국은 자유민주체제로의 통일은 지지할 것이지만, 핵 보유는 반대할 것이며, 일본과 러시아도 핵 보유 통일국가의 등장을 반기지 않을 것이다. 특히 중국은 한반도가 핵무기를 보유한 채 자유민주체제로 통일되는 것을 강력히 반대할 것이다.

요컨대, 북한 핵을 용인했다가 핵 보유 통일한국을 이루자는 좌파의 주장은 실현 가능성이 없는 위험한 발상이다. '위험한 발상'이라 함은 좌파의 핵 보유 통일론이 북한이 주장해온 '조선반도 비핵화' 논리를 바닥에 깔고 있기 때문이다. 김정일과 김정은이 수시로 "조선반도 비핵화는 선대의 유훈"이라 했지만, 이 말은 결코 북한의 핵 포기를 의미한 것이 아니라 미국이 북한에 대한 적대시 정책을 먼저 포기해야 한다는 의미로 사용해왔다. 그럼에도 문재인 정부는 "북한의 비핵화 의지는 확고하다"며 미국과 북한 간 핵협상을 중재했고, 북한의 핵 폐기 여부와 무관하게 대북 협력정책을 적극 추진해왔다. 그러나 미국은 2019년 하노이 미북 정상회담 이후부터 '조선반도 비핵화 또는 한반도 비핵화(Denuclearization of the Korean Peninsula)'라는 표현과 '북한 비핵화(Denuclearization of North Korea)'라는 표현을 철저히 구분하고 있다.

핵무장한 북한과 공존을 각오한 국가생존전략이 시급하다

북한의 핵 인질이라는 최악의 수렁 속으로 끌려 들어가고 있는 한국은 어떻게 해야 할까? 이것이야말로 죽느냐 사느냐의 문제다. 우리는 핵미사일을 손에 쥔 김정은의 위협 앞에 있다는 절박한 현실을 있는 그대로 받아들인 상태에서 우리의 생존전략을 모색한 후 모든 역량을 동원하여 이를 실천해야 한다. 북한이 국가의 명운을 걸고 핵무기를 고수하는 상황에서 한국의 좌파 정부가 집착하는 유화책도 우파 정부가 선호하는 강경책도 북한 핵을 포기시키는 지렛대가 되지 못하고 있고, 미국과 국제사회도 미중 간 신냉전 상황 하에서 북한의 핵을 포기시킬 강제력을 행사하기가 어려운 실정이다.

북한의 핵 위협이 가중되고 있고 중국의 핵 위협도 점증하고 있기 때문에 핵 위협은 핵으로 억지할 수밖에 없다면서 한국도 핵무장을 해야 한다는 주장이 나오고 있다. 초기에는 북한이 핵을 포기하면 한국도 핵을 포기한다는 것을 전제로 한 '조건부 핵무장론'이었지만, 사드 보복 등 한국에 대한 중국의 압박이 강화되는 등 오만한 대국주의 행보가 가시화되면서 "중국이라는 미래 위협에 대처하기 위해서도 핵무장이 필요하다"는 논리도 부상하고 있다.

그러나 성급한 핵무장은 무모한 선택이 아닐 수 없다. 첫째, 핵무장은 한미동맹의 파탄을 초래할 가능성이 높다. 미국의 핵정책은 동맹국의 핵무장을 반대하는 비확산 기조를 유지하면서 이를 보상하는 차원에서 핵우산 및 확장억제(extended deterrence)를 제공하고 있다. 확장억제란 어느 나라든 미국을 공격하면 다양한 수단과 방법으로 응징한다는 억제 논리를 동맹에게 확대 적용한 것이며, "제3국이 한국에 핵공격을 가하면 미국이 핵으로 응징한다는 약속"을 의미하는 핵우산도 그 일부다. 미국이 핵 비확산 정책을 바꾸지 않은 상황에서 한국이 핵무장을 강행하면 동맹 약화나 동맹 와해가 촉발될 가능성을 배제할 수 없다.

둘째, 한국의 핵무장도 국제 제재의 대상이다. 더구나 한국은 무역의존도가 높은 나라여서 국제 제재의 대상이 되면 치명적인 결과를 초래할 우려가 크다. 마지막으로, 한국의 핵무장은 중국과 러시아의 강력한 대응에 직면할 가능성이 크다. 중화패권(中華覇權)을 추구하는 강력한 '현상타파 세력'으로 부상한 중국은 한반도의 핵확산을 좌시하지 않을 것이다. 중국은 갖가지 경제적·외교적 수단을 통해 압박하는 것은 물론 군사적 압박도 서슴지 않을 가능성이 크다.

물론 장기적으로 핵무기 개발은 검토 대상이 될 수 있다. 북한의 핵 문제가 악화되고 있고 중국의 핵 위협이 가중되고 있음을 감안한다면 언젠가는 미국이 핵 비확산 정책을 포기하고 한국, 일본 등 아시아 동맹국들에게 핵 보유를 허용할 가능성을 배제할 수 없기 때문이다.

현실적으로 북한의 핵 위협으로부터 국가와 국민의 안전,

그리고 국가의 이익을 지킬 수 있는 국가생존전략은 '**핵 균형(nuclear balance)**'이다. 다시 말하면, 북한의 핵 사용을 억지하고 북한이 핵을 앞세워 우리에게 강요하는 각종 불이익을 차단하는 가장 기본적인 방법은 북한이 핵을 사용할 경우 거기에 준하는 보복응징을 가할 수 있는 핵 균형을 유지함으로써 핵 사용 자체를 엄두내지 못하게 하는 것이다. 전략가들은 이런 전략을 '상호확증파괴(MAD, Mutually Assured Destruction)전략'이라 칭했고, 이런 전략이 성립된 상태를 '공포의 균형(balance of terror)'이라 한다. 이는 우리가 상대의 공격에 취약한 만큼 상대도 우리의 응징보복에 취약해야 상호 억제가 성립된다는 것이다. 이것이 미소 냉전 동안 핵전쟁을 예방한 핵심 억제전략이었다.

한반도의 핵 균형을 이룩하기 위해 한국이 검토해야 할 대응전략은 다음 세 가지로 볼 수 있다. 첫째, 우리의 비핵(非核) 대응 역량을 대폭 강화해야 한다. 즉, 북한 핵 위협에 대한 우리의 재래식 대응역량을 굳건히 구축하고 한미 연합방위체제의 핵 대응태세를 강화하며, 나아가 핵 대피시설을 구축하고 대피훈련도 실시해야 한다. 특히 '한국형 3축 체계' 구축을 다시 본격화해야 한다. '3축 체계'란 한국군의 재래식 무기에 의한 선제 타격(Kill Chain), 한국형 미사일 방어(KAMD), 대량응징보복(KMPR) 등의 역량을 갖추는 것을 말한다.

동시에 한국은 로봇·무인·스텔스 기술이 결합된 지·해·공·수중 정보감시 및 타격전력, 레이저 무기, 통신전자 기능을 마비시키는 비살상 무기, 사이버 무기, 참수작전용 정밀유도무기 등에 대한 더 많은 관심과 투자가 필요하다. 잘 갖추어진 방호태세는 북한으로 하여금 핵공격을 가해도 원하는 목표를 달성하기 어렵게 만들기 때문에 민감시설과 국민을 보호하는 핵방호시설을 적극 확충해야 한다.

이와 함께, 한미 연합방위체제에서 핵 대응을 현실화할 필요가 있다. 현재의 연합방위체제는 북한이 정권 생존을 위한 최후의 수단으로만 핵을 사용할 것이라는 전제 하에 주로 북한의 재래식 공격에 대비하고 있다. 이제는 북한이 전쟁 초기에 핵을 사용할 수 있다는 전제 하에 연합방위체제를 구축해야 한다는 것이다.

둘째, 미국 핵우산의 신뢰성을 높여야 한다. 이를 위해서는 지금까지 한미 국방장관회담의 공동성명 형식으로 핵우산 공약을 반복해온 것에 더하여 핵우산 조항을 추가하는 내용으로 동맹조약을 개정하는 것도 바람직하며, 미국의 핵추진공격잠수함(SSBN)들을 한반도 인근에 상시 배치하는 것도 검토할 필요가 있다.

마지막으로, 미국 전술핵의 한국 재반입과 한미 간 핵공유협정을 위한 협상에 적극 나서야 한다. 한미 양국은 북한이 어느 시점까지 핵 폐기에 응하지 않으면 전술핵을 재배치하겠다고 사전 발표를 해야 한다. 물론, 전술핵 재배치는 중국 등 주변국의 반대가 만만치 않을 것이고, 국내 좌파들의 반대도 격렬할 것으로 예상된다. 전술핵이 재배치되는 경우, 나토식 전술핵무기 공유 제제를 갖추어야 할 것이다. 미국과 나토 국가들은 핵공유협정을 통해 미군 기지의 전술핵 탄두들을 나토 국가의 전폭기에 탑재하여 운용하는 방식을 택하고 있다.

지금 우리는 6·25전쟁 이래 최악의 안보위기 상황에 처해 있다. 미국 국제정치학자 한스 모겐소(Hans Morgenthau) 교수는 핵이 없는 나라가 핵을 가진 나라의 위협에 직면했을 때 완전히 파괴되거나 무조건 항복이라는 두 가지 선택밖에 없다고 했다. 그런데 북한 핵의 인질 상태인데도 한국은 무사태평이다. 미군을 너무 믿고 있기 때문이다. 그러나 월남과 아프간에서 보았듯이 미국은 스스로 지킬 의지가 없는 나라에 대해서는 냉정히 손을 뗀다. 우리는 과연 스스로 지키겠다는 확고한 의지가 있는가?

북한은 핵보유국이 되겠다는 의지가 확고하다. 그럼에도 우리 지도자들은 북한의 비핵화 의지는 확고하다고 한다. 북한 핵 문제는 미국에 일임하고 민족공조에만 열심이다. 국민 중에도 북한이 같은 민족에 대해 핵을 사용하지 않을 것이라거나 통일이 되면 핵은 우리 것이 된다는 등 헛소리를 하는 사람들이 적지 않다. 엄연한 현실을 외면하는 사람들에게서 무슨 해결책이 나오겠는가?

위중한 안보현실을 직시하는 지도자가 요청되고 있다. 핵미사일 등 외부 위협으로부터 국가와 국민의 생존을 지켜낼 리더십이 어느 때보다 절실하다. 무엇보다도 내년 초에 선출되는 대통령은 미국과의 담판을 통해 전술핵무기를 한국에 재배치하여 양국이 공유할 수 있도록 리더십을 발휘해야 한다. 그렇게 한다면, 그는 한미상호방위조약을 성사시킨 이승만 대통령, 한미연합사령부 창설을 주도한 박정희 대통령에 이어 한국 안보에 크게 기여한 지도자로 역사에 기록될 수 있을 것이다.

제4장

한미동맹은 한국 안보의 '보험'이다

허남성

National Security Leadership

지난 70여 년 동안 한미동맹은 한국 안보의 핵심축이 되어왔다. 북한이 사실상 핵무기 보유국이 된 오늘의 상황에서는 한미동맹의 중요성이 더욱 커지고 있다. 이 장에서는 한국 안보에 있어 한미동맹이 어떤 의미를 가지고 있는지 살펴보고자 한다.

국가안보는 산소와 같다

국가안보는 기본적으로 '위협'을 다루는 실천적 체계다. 즉, 생명 유기체로서의 국가의 생존과 안위를 위태롭게 하는 원인은 다양한 내부적·외부적 위협들인데, 이 위협들을 어떻게 제거하거나 방지하거나 통제·관리해서 국가라고 하는 생명체의 목숨과 건강성을 확보하느냐가 국가안보의 요체다. 따라서 국가안보를 위해서는 무엇보다도 먼저 그 위협요소들의 실체가 무엇인지를 파악해야 하며, 아울러 그 대처방안들을 강구해야 한다.

그런데 1948년 건국 이래 대한민국이 마주쳐야 했던 외부로부터의 침략이나 내부적 갈등과 분란의 원천은 바로 북한으로부터 비롯된 것이다. 북한의 남침에 의한 6·25전쟁, 1·21 청와대습격사건, 울진·삼척 무장공비 침투, 아웅산 테러, 대한항공 여객기 폭파, 휴전선과 해안선 일대에 대한 수백 차례의 침투와 도발, 천안함 폭침과 연평도 포격, 수많은 휴전선 지뢰 폭발사건과 여섯 차례의 핵실험 및 각종 미사일 시험발사에 이르기까지 북한은 지난 70여 년 동안 헤아릴 수 없는 대남 적대행위를 자행해왔다. 그런가 하면 국내에서는 소위 남조선 혁명을 목표로 끊임없는 지하당 조직과 암약은 물론, 친북 또는 종북단체들과 연계하여 대한민국의 자유민주체제와 시장경제체제를 전복하기 위한 활동을 전개해왔다. 이처럼 북한은 대한민국의 안보에 가장 큰 원천적 '위협'이다.

오늘날 적지 않은 수의 국민들, 특히 2040세대 청·장년층을 중심으로 남북한 간에 민족공조와 평화공존이라는 허황한 슬로건에 경도되는 경향이 짙어지고 있다. 그들 대부분이 좌파가 아니면서도 종북 좌파들의 반미 선동이나 대한민국의 정체성에 대한 폄훼 선동에 손쉽게 경도되는 것은 그들이 비교적 탈이념적이고, 개인주의적이며, 국가안보 문제의 중요성에 대한 관심이 저조하기 때문이다. 그러나 상반되는 이념과 체제 하의 분단 상황에서 유지되는 평화와 안정이란 얼마나 항구적이며 온전한 것이겠는가? 그것은 단지 임시적이고, 과도적이며, 불완전한 평화와 안정일 뿐이다.

지구상에 존재하는 모든 생명체는 산소가 없으면 죽는다. 국가라는 생명체에게는 '안보가 곧 산소'다. 왜냐하면, 안보가 무너지면 국가라는 생명체가 죽기 때문이다. 따라서 국가의 주인인 국민 스스로가 대한민국이 당면하고 있는 안보 실상에 대해 올바른 이해와 판단을 하는 것이 무엇보다 급선무다.

오늘날 모든 국가는 국가안보 가운데 군사안보를 최우선 순위에 두고 있다. 그러나 문재인 정부는 군사안보를 보강하는 대신 훼손하는 조치들을 서슴없이 저질러왔다. 예컨대, "북한과의 원활한 '평화 프로세스' 협상을 추진하기 위해서"라는 이유를 내세워 미군과의 연합훈련은 물론 국군의 훈련마저 축소하거나 중단했다. 섣부른 결정이었다. 국가안보는 이념과 진영 논리를 초월하는 것이다. 특히, 군사훈련을 어떤 이유로든 거르거나 축소시키는 것은 안보적 자해(自害) 행위와 다름없다. 우리 군의 전투력 유지와 향상, 힘과 의지를 통한 억제 효과, 그리고 북한이 치르게 될 대응 훈련으로 인한 자원 고갈 효과 등을 고려할 때, 한미 연합훈련만은 반드시 계획대로 실시해야만 했다.

군인은 흐르는 물처럼 정기적으로 진급과 보직변경을 통해 임무와 역할이 변동된다. 한 시기에 반드시 경험해야 할 훈련을 건너뛰게 되면 그 군인의 군사전문성에 공백이 생길 수밖에 없다. "다음에 하면 되지, 뭐" 하겠지만, 한 번 건너뛴 훈련으로 생긴 구멍이 그리 쉽게 메워지지는 않는다. 오죽하면 20세기 최고의 첼로 거장인 로스트로포비치(Mstislav Rostropovich)가 천재소녀 장한나를 발탁하면서, "얘야, 연습은 매일 이를 닦듯이 해야 한단다"라고 했겠는가. 클라우제비츠(Carl von Clausewitz)도 『전쟁론(Vom Kriege)』에서 "훈련은 '습관화(habituation)'의 수준으로 해야 효과가 있다"라고 갈파한 바 있다.

한편, 훈련 중단만큼은 아니어도 그에 버금갈 만한 실책이 GP 철수와 전방지역 대전차장애물 및 해안과 강안의 철책 철거 결정이다. DMZ 안에는 북한이 우리보다 약 1.6배나 많은 GP를 갖고 있다. 남북이 서로 같은 수의 GP를 철폐하면 우리 쪽에 '구멍'이 더 생길 수밖에 없다. 또한 철책은 총 300km 가운데 170km가 철거 대상에 포함되었다. 그러나 이런 문제들은 북한의 비핵화가 완결된 시점에 포괄적인 남북한 군비통제 회담을 벌여 진행해도 늦지 않으며, 그것이 정도(正道)다.

국가안보의 중요성에 대해서는 아무리 강조해도 결코 지나치지 않다. 무엇보다도 자주국방을 위한 국가의지의 결속과 국민공감대 확보를 위해 국민 모두가 어떤 노력과 희생을 감수해야 되는지를 통수권자가 전면에 나서서 호소하고 설득해야만 한다. 평화는 힘에 의해서만 지켜질 수 있다는 것이 역사의 교훈이다.

국가이익을 위해 동맹은 왜 필요한가?

국가를 하나의 '생명 유기체'로 비유하자면, 국가이익은 국가라는 생명체가 생존과 발전을 위해 지키고자 하는 '가치'이자, 달성하고자 하는 '욕구'이다. 예컨대 안전, 번영, 자유, 인권 등이 지키거나 달성하고자 하는 가치와 욕구들이다. 이 가운데서 번영(즉, 경제적 발전)과 자유 및 인권(즉, 민주주의)은 안전(즉, 국가안보)이 든든하게 확보된 후에라야 달성되거나 지켜질 수 있다.

한 국가가 안보를 확보하기 위해서는 두 가지 접근방법이 있다. 첫째는, 국내적 차원에서 자강(自强)을 추구하는 것이다. 자강을 추구하려면, 적어도 경제적 자급자족과 자력(自力)국방이 견고한 틀을 갖추어야 한다. 상당한 수준의 경제적 자급자족과 자체적 국방의 기반을 갖추는 것은 모든 나라들이 당연히 추구하는 일이다. 그러나 자강만으로 국가의 안보가 온전히 지켜질 수는 없다. 이것은 수많은 역사적 사례들로 입증된 교훈이다.

그래서 둘째로, 모든 나라들은 국제적 차원에서 안보위협을 축소 내지 제어하려는 노력에 나선다. 다시 말하면, 동맹, 집단안보, 협력안보, 공동안보, 또는 중립화 등 다양한 국제적 노력에 참여하여, 자강으로 모두 채우기 어려운 안보의 빈 틈을 메

우고자 한다. 그중에 가장 강력하고도 확실한 국제적 차원의 안보 접근방법은 동맹이다. 동맹이란 복수의 국가들 간의 '공동의 위협인식'과 '공동의 국가이익'에 기반을 두고 있다. 예를 들어, 한미동맹에서는 한국과 미국이 북한이라는 공동의 '적'에 대해 공동의 '위협인식'을 갖고 있는데, 만일 한국이나 미국 어느 쪽에서 북한을 더 이상 '적'이 아니라고 인식한다면 이 동맹의 존립기반은 허물어지는 것이다. 또한 만일 한국과 미국이 공통적으로 가지고 있는 자유민주주의와 자본주의 시장경제 등 기본 가치에서 서로의 신뢰를 깨트릴 만큼의 이견과 충돌을 빚는다면, 이 또한 동맹의 존립기반에 치명적 손상이 될 것이다.

임마누엘 칸트(Immanuel Kant, 1724-1804)는 "평화는 돈으로 사야 한다"라는 명언을 남겼다. 칸트의 이 명언은 과연 어떤 뜻을 담고 있는가? 역사를 보면, 정전협정도, 평화협정도, 그 어떤 불가침조약도 평화를 궁극적으로 보장하지는 못했다. 국제사회는 일종의 '무정부 상태'이기 때문에 '늑대와 양이 함께 어울려 풀을 뜯는 평화'란 근본적으로 불가능하다. 따라서 적(주적이든 잠재적 적이든)의 '선의(善意)'에 기대서 자국의 안녕을 바라는 짓은 어리석을 따름이다. 국제사회에서 믿을 것은 오직 '힘'이며, 결국 돈으로 군사력을 정비하여 자신을 지켜줄 울타리를 쌓아야 한다. 이것이 칸트의 충고다. 그러나 만일 스스로의 힘이 부족하거나, 힘이 넉넉하더라도 서로 도울 친구가 있다면 울타리를 함께 쌓는 것이 지혜롭다. 이것이 동맹이다. 이 경우에도 돈은 여전히 '힘'이다.

그러나 평화는 늘 깨지기 쉬운 '유리공' 같은 존재다. 특히 오늘날처럼 다양한 안보위협이 안팎으로 도사리고 있는 상황에서는 평화라 해보았자 '화약더미 위의 평화'일 뿐이다. 이럴 때일수록 스스로의 힘을 비축하고, 믿을 수 있는 친구의 힘을 우리 힘에 보태는 노력이 절실히 요구된다. 1953년, 그 절박한 6·25전쟁 마무리 단계의 소용돌이 가운데서 한미동맹을 이끌어낸 이승만 대통령의 비전과 용단이야말로 '건국의 아버지'다운 혜안의 산물이었음을 오늘날에 와서 더욱 절감한다. 그리고 조국근대화와 자주국방의 기틀을 놓아 평화의 든든한 울타리를 쌓을 수 있도록 국력을 다진 박정희 대통령의 비전이 있었기에 오늘 우리가 누리고 있는 평화와 번영이 있는 것이다.

로마 제국 당시 발칸 지역의 한 작은 나라는 국호를 '로마니아(Romania: 로마인들의 땅)'라고 붙였다. 패권국가인 로마에 밀착하여 생존과 번영을 도모했던 것이다. 그 후 2000년 동안 주변의 수많은 나라들이 부침과 소멸을 겪은 가운데, 오늘날도 그곳에 루마니아(영문자로 여전히 Romania라고 표기한다)가 존재한다. 여러분은 이 사실에서 어떤 교훈을 느끼는가?

주한미군과 전시작전통제권에 대한 올바른 이해

한미동맹의 가치를 가장 상징적으로 드러내는 존재가 주한미군이다. 미군은 태평양전쟁에서 일본이 패망하자 38선 이남의 일본군에게 항복을 받기 위해 이 땅에 처음으로 진주했으나 6·25전쟁 발발 1년 전 수백 명의 군사고문관만 남기고 모두 철수했다. 북한의 남침을 격퇴하기 위한 유엔안보리 결의에 따라 미군은 유엔군의 주축으로 참전하여 대한민국을 멸망의 구렁텅이에서 건지는 데 결정적 기여를 했다. 주한미군은 현재 약 28,500명 규모를 유지하고 있다.

주한미군은 대북 억제력의 핵심으로서 그 존재 자체가 한국에 대한 미국 방위공약의 상징이다. 주한미군은 한반도 평화와 안정의 안전판이자, 동북아 지역의 안정을 위한 조정자 내지 균형자 역할을 하고 있다. 주한미군이 없다면 북한은 군사적 모험에 나설 가능성이 크고, 중국, 러시아, 일본 등 인접 국가들도 영향력을 확대하고자 할 것이며, 그 결과 한반도에 대한 국제사회의 안전의식이 흔들리게 되어 한국은 투자와 교역 여건에서 치명적 타격을 입게 될 것이다. 또한 주한미군의 완전 철수 시 대체전력(전투력 및 정보획득자산 등) 확보를 위해서는 수백억 달러로도 부족할 것이고, 현재 지출하는 약 10억 달러 상당의 방위분담금의 10배를 매년 투자하더라도 그 공백을 메울 수는 없을 것이다.

이쯤에서 전시작전통제권(이하 전작권)이란 무엇이고, 전작권에 얽힌 허실을 설명할 필요가 있다. 한 나라의 국가원수는 군에 대한 통수권을 지니는데, 통수권에는 작전지휘, 행정지휘, 군수지원 권한 등이 포함된다. 이 가운데 순수하게 작전임무를 수행하기 위해 군 지휘관에게 부여된 지휘권한을 '작전지휘권'이라 하며, 작전지휘권 중 '작전명령에 명시된 특정 임무 및 과업'을 수행하기 위해 특정한 지휘관계를 설정하여 위임한 권한을 '작전통제권'이라고 한다. 작전통제권 가운데는 전시에 작동되는 '전시작전통제권(전작권)'과 평시에 가동할 수 있는 '평시작전통제권(평작권)'이 있다. 평작권은 노태우 정부에서 전환 협상을 시작하여 김영삼 정부 당시 우리 군에게 전환되었으며, 전작권은 유사시에 양국 대통령 합의 하에 한미연합사령관(미군 장성)이 행사하도록 되어 있다.

노무현 정부는 '군사주권의 환수'라는 얼토당토않는 명분을 내세우며 전작권 전환을 추진했으나 당시 안보상황 및 준비의 미비로 불발에 그쳤고, 이후 이명박과 박근혜 정부는 전작권 전환이 '시간'의 문제가 아니라 안보상황 및 준비 등 '조건'의 문제라는 논리 하에 신중한 입장을 취했다. 그러나 문재인 정부는 임기 내에 전작권 전환을 완료하겠다며 양국 간 합의된 필수 훈련 단계마저 무시하며 서둘러왔다.

그러나 우리는 전작권 전환을 서두르는 논리의 허구성을 직시할 필요가 있다. 왜냐하면 이 문제는 대한민국의 명운이 직결된 사안이기 때문이다. 우선, "유사시 전작권을 외국군이 보유하는 것은 국가 자존심과 주권 문제"라는 오도된 견해가 있다. 유사시 미군 장성이 사령관이 되어 전작권을 행사하는 NATO체제에서 보듯이 연합사체제는 국가 자존심이나 주권 문제가 결코 아니다. 전작권은 한미 양국군의 공동 결정에 따른 작전통제 차원의 문제일 뿐, 군통수권은 평·전시를 막론하고 양국의 대통령이 각각 보유하고 있다. 전작권은 군사주권을 침해한 것이 아니라, 오히려 국가생존(주권)을 보호하기 위한 장치다.

다음, "연합사체제 때문에 한국군의 독자적 전쟁수행 능력 함양 기회가 상실된다"는 억지 주장도 있다. 그런데 연합작전을 수행할 때에는 한미 양국 장병들이 혼성으로 부대를 편성하여 임하는 것이 아니라, 한국군과 미군은 각기 임무와 책임 지역을 할당받아 작전을 수행하기 때문에 실제로는 자신들의 교리를 적용한다. 그러므로 연합사체제가 독자적 전쟁수행 능력의 함양을 방해하지 않으며, 오히려 선진 노하우를 배울 기회가 더 많다. 세계에서 전쟁 경험이 가장 풍부한 미군의 노하우를 배울 수 있는 기회가 바로 연합훈련이다.

전작권은 한미연합방위체제의 핵심이며 주한미군의 역할

및 거취와도 직결된 사안이다. 전작권이 왜 그토록 중요하고 어째서 전환을 서두르면 안 되는지를 살펴보자.

첫째, 전작권이 전환되면 주한미군의 주둔 명분이 소멸되어 궁극적으로 미군 철수가 현실이 된다. 미국은 타국 지휘권 하에 대규모 군대를 위임한 역사적 사례가 없기 때문이다. 인류 역사의 모든 패권국들이 그러했다.

둘째, 주한미군이 없으면 북한의 남침을 억제할 자물쇠가 사라질뿐더러, 한국은 홀로 싸워야 된다. 주한미군은 그 존재 자체가 '인계철선'과도 같아서 북한이 남한을 침략하면 '자동으로' 한국군과 더불어 북한의 침략에 맞서 싸울 뿐만 아니라, 막대한 미 증원군이 자동적으로 즉시 투입되게 하는 역할을 한다. 그러나 주한미군이 없을 시 미국의 증원군 파병은 미 의회와 행정부 등이 헌법적 절차에 따라 결정하게 되는데, 이 결정이 1주일만 걸려도 현대전의 속도전 성격상 대한민국의 명운은 장담할 수 없을 것이다.

셋째, 전작권이 전환되면 미국의 핵우산과 확장억제(Extended Deterrence) 공약도 유명무실해진다. 실질적 핵 보유국인 북한이 핵 공갈을 통해 남북관계를 일방적으로 끌고 가고 과도한 대북지원을 강요하더라도 이에 맞설 핵 수단이 없는 한국은 속수무책으로 끌려갈 수밖에 없다. 특히 북한이 사용 가능한 소형 핵탄두 등 다양한 대량파괴무기를 앞세워 재침할 경우, 이를 저지하는 것이 불가능할 것이다.

넷째, 전작권의 단독행사를 위한 추가비용은 감당 불가능한 수준이 될 것이다. 한국군 단독으로 현재의 연합억제력 수준의 역량을 확보하기 위해서는 사실상 감당 불가능한 추가비용이 소요되며, 더 큰 문제는 아무리 많은 비용을 투입하더라도 미군의 통합전력체제(정보·탐지·지휘·통신·정밀타격 등 전투역량의 통합 운용)를 대체할 수 없다는 사실이다.

끝으로, 전작권 전환과 주한미군 철수 시 대한민국의 경제 안정성이 허물어질 우려가 있다. 그동안 수많은 북한의 대남 위협과 도발에도 불구하고 외국인들의 대한(對韓) 투자와 상품 주문 등이 안정성을 보인 것은 연합사체제 하의 한미동맹에 대한 안보신뢰감 때문이다. 그런 점에서 전작권과 연합사체제는 일종의 '투자협력 보장 장치'라고 할 수 있다.

결론적으로, 전작권과 현존 한미연합사체제는 대한민국의 자유민주주의와 시장경제에 의한 경제적 번영을 지키기 위한 가장 강력하고도 효율적인 최선의 방책이며, 나아가 동북아지역의 평화와 안정을 담보하는 장치다. 이 유일하고도 든든한 '울타리'인 한미연합방위체제를 붕괴시켜가면서까지 전작권 전환을 서두르는 저의가 무엇인지 의심하지 않을 수 없다.

따라서 전작권 전환은 한 정권의 임기에 의한 '시간'이 아니라 '조건'에 맞추어 신중히 이루어져야 한다. 적어도 북한의 핵무기를 포함한 각종 비대칭 전력에 의한 대남 위협이 소멸되고 동북아지역의 안보에 문제가 없을 때 이루어져야 한다. 또한 한미 양국이 지난 2014년에 이미 합의한 대로 한국군의 핵심적이며 필수적인 군사 대응능력이 갖추어지고, 이러한 능력들이 충분히 훈련되고 검증된 연후에 이루어져야 한다.

바람직한 한미동맹의 미래

지정학적으로 해양세력과 대륙세력의 경계지역인 림랜드(Rimland)에 위치해 있는 한반도는 역사적으로 "고래싸움에 새우등이 터지는" 숙명적 위험을 늘 안고 지내왔다. 지금처럼 미중 갈등이 첨예화되고 있는 상황에서 한국의 대응은 과연 어떠해야 하는가? "안보는 미국, 경제는 중국(安美經中)"이라는 안이하고 무책임한 선택을 논하는 사람들도 있으나, 그랬다가는 자칫 경계선 위의 '미아(迷兒)'가 될 수도 있다. 최악의 경우, '코리아 패싱(Korea Passing)'의 재현에 직면할 수도 있다는 말이다.

대한민국은 주저 없이 한미동맹을 공고히 유지해야 한다고 본다. 지정학적 차원에서 인접국들은 늘 영토적 야심을 품게 마련이다. 역사적으로 중국, 일본, 러시아 등이 한반도에 대해 늘 그러했다. 그러나 미국은 다르다. 미국이 원하는 것은 영토가 아니라 '영향력'일 뿐이다. 어느 지한파 미국 전문가는 "미국 역사상 최고의 작품은 전등, 자동차, 비행기, 우주선, 반도체, 컴퓨터, 인터넷이 아니라 자유민주공화국 대한민국이다"라고 말하기도 했다. 사실 한국이 유사 이래 전례가 없을 만큼 그토록 짧은 기간에 그토록 눈부신 번영과 안정을 누리게 된 것은 자유민주주의의 본거지인 미국이라는 해양세력의 범주에 편입되었기에 가능한 일이었다. 이를 오늘날 북한의 실태와 비교해보라. 이보다 더 웅변적 증거가 있는가? 결국, 한미동맹은 선택의 문제가 아니라 '필수불가결'의 문제다. 특히, 북한이 '실질적(de facto)' 핵보유국이 된 현 시점에서 한미동맹은 대한민국에게 '대체 불가능한' 안보자산이자 '보험'이다.

한편, 경제적 차원에서 지나치게 중국을 의식하는 것은 오히려 중국에게 주도권을 내주는 우(愚)를 범하는 것이다. 근래에 우리의 통상 규모 비중에서 중국이 미국보다 더 큰 것은 사실이지만, 무역외수지, 금융, 과학기술, 문화, 교육 등 경제유관 분야들을 총체적으로 고려하거나 유럽연합(EU), 중남미 등 세계시장들과의 연관성까지 감안한다면 중국의 비중이 미국보다 결코 더 크다고 할 수도 없다. 더구나 국내에 대한 외국인 투자 통계를 보면, 미국이 15%인 데 비해 중국은 3% 정도에 불과하다. 그뿐만 아니라 한국과 중국의 산업구조를 보면, 아직은 중국이 한국의 부품 및 소재산업에 의지하는 비율

이 높고, 기술 이전에서도 한국에 대한 의존성이 유지되고 있다. 따라서 한국과 중국 간 상호보완적인 협력관계만 잘 관리한다면 파국이 도래하지는 않을 것이다.

우리가 한미동맹을 더 강화하고 업그레이드하기 위해서는 다음과 같은 이슈들에 대한 정확한 이해와 조처들이 수반되어야 한다. 그것들은 전작권, 방위비 분담, 주한미군과 기지 문제, 군사정보보호협정(GSOMIA) 및 한미일 안보협력 등이다.

첫째, 전작권 전환과 한미연합사 지휘구조 개편 문제는 특정 시한에 집착하기보다 '조건'에 따라 판단해야 한다. 2014년에 한미 양국이 합의했던 기본운용능력(IOC, Initial Operational Capability), 완전운용능력(FOC, Full Operational Capability), 완전임무수행능력(FMC, Full Mission Capability) 등 검증평가 3단계는 연합훈련 중단 및 축소 그리고 코로나 사태 등으로 2단계부터 차질을 빚고 있다. 더구나 이 3단계 검증평가는 한국군 지휘능력 등 26개 조건 가운데 한 가지 조건일 뿐, 나머지 25개 조건의 차질 없는 충족 여부도 여전히 미지수다. 결코 서두를 일이 아니다. 무리한 전작권 전환을 서둘렀다가 유사시 한국 안보를 결정적으로 훼손시킬지도 모른다.

둘째, 방위비분담금특별협정(SMA, Special Measures Agreement) 협상은 한미동맹의 굳건함과 호혜적 특성을 훼손하지 않는 범위에서 다루는 것이 중요하다. 트럼프 대통령의 과도한 50% 증액 요구로 진통을 거듭하던 제11차 협상이 바이든(Joe Biden) 행정부 출범 직후 원만히 타결되어 크게 다행이다. 이전보다 약 13% 인상된 1조 1,740억 원 수준으로 인상되고, 향후 5년간 매년 물가상승률에 연동하는 다년 계약이 이루어졌는데, 그동안 계상되지 않았던 토지사용료 등 간접경비를 포함하여 한국이 총비용의 약 60~65%를 부담하는 합리적 타결이라고 할 수 있다. 이 정도의 비용으로 패권국 동맹을 붙잡아두는 것은 "돈으로 평화를 사는 일"에서 가성비가 매우 높은 거래가 아닐 수 없다. 이는 바이든 행정부가 범세계적으로 동맹 복원에 나선 덕분이기도 하다.

셋째, 주한미군과 기지 문제는 상호 연동된 이슈다. 전 세계적으로 800여 개의 기지를 운용하고 있는 미국은 그 기지들에 병력을 영구 내지 반영구 배치, 또는 순환배치 형식으로 운용한다. 어느 지역에서 전쟁이 벌어지면 고정 배치되어 있던 곳에서도 병력을 빼내서 교전지역으로 투입해야 한다. 미 국방부는 지금도 주한미군을 여단급 규모로 순환배치하고 있다. 현재 일본과 독일 다음으로 규모가 큰 28,500명의 주한미군은 남중국해 등 중국에 대한 견제 목적상 그 일부가 동남아지역으로 '유연 배치'될 가능성도 점쳐진다.

한국이 적정 수준의 주한미군을 유지시키려면 논리와 수단이 필요하다. 우선, 논리로서는 "한국이 미국의 국가이익을 지키는 싸움에서 최전선에 위치한다"라는 점을 미국 국민들에게 널리 알려야 한다. 주한미군은 이곳에서 한국 안보 수호를 도울 뿐만 아니라, 자유·민주, 번영, 인권 등 미국이 건국 이래 중시해왔던 '가치'를 지키기 위한 '미국의 최전선'을 지키고 있기도 하다. 더구나 주한미군 규모만큼의 병력을 미 본토에 유지하는 것보다 비용도 훨씬 적게 든다. 최소한 방위비 분담금 정도는 미국이 이익을 보는 셈이다.

다음으로 미국을 설득할 수단은 군사기지 문제다. 특히 평택기지(Camp Humphreys)는 해외 주둔 미군 기지 가운데 최신 최대 규모로서 그 면적이 1,467만 7,000m^2(약 444만여 평, 여의도 5.5배)에 달한다. 약 2.2km 길이의 활주로와 철도망, 그리고 인근에 항만도 구비한 이 기지 건설을 위해 한국은 총비용의 94%에 달하는 약 18조 원을 부담했다. 미국이 인도-태평양지역에서 이만한 기지를 쉽사리 포기하기는 어려울 것이다. 우리는 평택기지의 가치를 미국 여론에 적극 홍보해야 한다. 반면, 한국은 경북 성주의 사드(THAAD) 기지가 하루빨리 정상 운용될 수 있도록 조치해야 하며, 아울러 주민 민원을 이유로 폐쇄된 미군 사격훈련장들을 재사용할 수 있도록 하기 위한 대책도 시급하다.

한편, '불침 항공모함'인 제주도에 공군 전투비행단을 배치하는 것이 장차 중국과 일본 및 미국에 대한 전략적 묘수로 작용할 수 있다. 이는 제주 군항과 우리 함대에 대한 공중엄호 확보는 물론, 주한 미 공군에게도 활용토록 하여 남중국해 문제 등에 대한 전략적 유연성 확보 및 한국 주둔 명분 강화에도 활용할 수 있기 때문이다.

이처럼 다양한 분야에서 한국의 '전략적 가치'를 증대시켜 나간다면 언젠가 한미동맹의 조항을 수정하여 NATO와 같은 '유사시 자동개입' 수준으로 격상시킬 수 있을 것이다. 정책당국은 한국 안보를 반석 위에 세울 수 있는 이 같은 목표를 향해 부단히 노력해야 한다.

넷째, 한미동맹, 특히 한미연합사에 의한 한미연합방위체제는 한국 안보의 '보증수표'이자 '보험'이다. 그런데 이를 보완해주는 것이 일본과의 안보협력이다. 제2차 세계대전 이래 동북아의 안보 구도는 미국이 주도하는 한미일 3각 구조가 기본 축이었다. 한국은 일본 안보의 '방파제' 역할을, 일본은 한국 안보의 '후방기지' 역할을 해왔다. 미국은 한국을 동북아 안보의 '핵심체(linchpin)'로, 일본은 '주춧돌(cornerstone)'로 호칭하며 한국과 일본을 동시에 중시해왔다.

그런데 미국은 최근의 한일 갈등이 기존의 '한미일 안보공동체' 구도를 깨지나 않을지 우려의 눈초리로 보고 있다. 더구나 중국의 '일대일로(一帶一路)' 전략에 대응하기 위한 미국의

'인도-태평양' 구상에 한국이 불참한 것을 두고 한국의 '미중 양다리 걸치기'로 인식하고 있다. 이러한 상황에서 한국은 일본과의 군사정보보호협정(GSOMIA) 파기를 위협하는 '안보적 자해행위'를 감행했다. 군사정보보호협정 없이 미국과의 원활한 정보 교류가 과연 가능하겠는가? 냉정한 판단이 요구되는 시점이다.

특히, 일본에 있는 7개 유엔사 후방기지는 사실상 한반도 유사시에 대비한 병력 및 병참 투입의 징검다리 기능을 가지고 있다. 1973년 제4차 중동전 당시 이집트와 이스라엘은 1주일 만에 탄약이 고갈되었다. 소련과 미국은 급히 항공수송으로 각각 이집트와 이스라엘에 탄약을 공급했으나, 결국은 중재로 전쟁을 마무리할 수밖에 없었다. 한국은 '병참소모전'의 성격을 띤 현대전에서 일본의 유엔사 후방기지 지원 없이 어찌 대처할 것인가?

이처럼 한일 간에는 비록 직접적인 동맹관계는 없으나 자유민주주의, 시장경제, 인권 등 이념적 공감대가 있다. 따라서 한국은 현재 미국이 중국을 상대로 벌이고자 하는 '공산주의 대 자유민주주의 패권투쟁' 구도에서 한미일 자유·민주 안보전선을 구축하는 데 적극 동참해야 한다.

중·장기적으로 한미동맹은 보다 수평적이며 포괄적인 동맹이 되어야 한다. 새로운 안보환경 평가, 양국 국민의 욕구, 양국의 국가이익, 지역적·세계적 차원의 역할 등 새로운 접점 모색에 따라 동맹의 활력을 재충전해야 한다. 그 핵심은 단순히 한반도의 평화와 안정의 담보를 넘어서서, 동북아의 평화와 안정과 번영을 뒷받침하는 동맹, 세계적 차원에서 자유민주주의와 시장경제 원칙을 공유하고 이의 확산에 공동 매진하는 동맹, 그리고 인권, 환경 등 인류의 공익에 기여하는 역동적 동맹으로 나아가야 한다.

이를 위해 단순히 친미·반미 논쟁을 넘어서서 '용미(用美)의 지혜'를 짜내야 한다. 우리가 지난 80년 가까이 미국이라는 패권국가의 틀 속에 편입하여 근대화(산업화+민주화)의 기적을 이루었듯이, 이제는 이를 뛰어넘어 G7 국가를 목표로 한층 분발할 때다. 그러한 차원에서 대한민국은 '인도-태평양 전략'의 틀인 'QUAD- Plus'에 전향적으로 가담해야 한다. 이것이 대한민국의 영광스러운 미래를 위한 또 하나의 새로운 출발점이다

제5장

성급한 통일은 위험한 도박이다

김태우

National Security Leadership

신기루처럼 오락가락하는 통일의 꿈

2018년 2월 평창 동계올림픽을 계기로 한반도 평화정착과 통일에 대한 기대가 갑자기 높아졌다. 그해 1년 동안 세 차례의 남북 정상회담과 미국과 북한 간 싱가포르 정상회담이 열리는 등, 남북관계가 급변하면서 평화의 시대가 열리고 분단 체제가 허물어지고 있는 것처럼 보였다. 남북 지도자들이 '우리민족끼리' 협력을 통해 한반도의 새 역사를 열겠다고 역설했기 때문이다. 뒤이어 9월 19일, 문재인 대통령은 평양 경기장에 모인 15만 평양 시민들에게 "김정은 위원장과 나는 북과 남 8천만 겨레의 손을 굳게 잡고 새로운 조국을 만들어나갈 것"이라며 통일의 의지를 밝혔다.

문재인 대통령은 오래전부터 통일에 대해 적극적이었다. 2017년 4월 '대선 후보 토론회'에서 유승민 후보가 문재인 후보에게 "낮은 단계의 연방제 통일에 찬성하느냐"고 질문하자 문재인 후보는 "낮은 단계의 연방제 통일은 국가연합하고 별로 차이가 없다고 생각한다"고 답변했다. '국가연합'은 노태우 정부 당시 1민족-2국가-2체제-2정부를 유지하면서 연방국가 없이 남북 간에 '남북연합 정상회의', '남북연합 각료회의' 등 협력기구를 통해 남북 간 의사를 조정해나가겠다는 통일 방안이다. 북한이 주장하고 있는 '낮은 단계의 연방제'는 1민족-1국가-2체제-2정부의 연방제 국가를 두어 두 지역 정부를 관할하도록 하겠다는 통일방안이다.

2018년 한 해 동안 북한의 비핵화는 곧 이루어질 것이고, 이에 따라 한반도 평화가 정착될 것이며, 남북 간 폭넓은 협력으로 공동번영할 것이며, 그 연장선상에서 통일이 다가올 것이라는 기대가 높았다. 그러나 이것은 너무도 순진한 장밋빛 환상에 불과했다. 북한이 비핵화를 할 가능성이 없지만, 만에 하나 비핵화가 이뤄진다 해도 평화가 오고 남북 공동번영이 이뤄지고 통일이 오리란 보장이 없었다.

민주당 정권의 멘토로 알려진 백낙청 교수는 그의 저서 『한반도식 통일, 현재진행형』에서 6·15선언 이후 한반도에서 '어물어물' 남북연합이 진행되어왔다는 통일론을 폈다. 그는 "연합제와 낮은 단계의 연방제 사이 어느 지점에서 남북 간의 통합작업이 일차적인 완성에 이르렀음을 쌍방이 확인했을 때 '제1단계 통일'이 이룩되는 것"이라면서 기득권세력의 저항을 피하면서 "남북 간의 교류와 실질적인 통합을 다각적으로 진행해나가다가 어느 날 갑자기 '우리 만나서 통일됐다고 선포해버리세'라고 합의하면 그게 '우리식 통일'"이라 했다. 그는 2018년 6월에 발간된 그의 저서 『변화의 시대를 공부하다』에서도 "남북 교류가 앞으로 더 활발해질 것인 만큼 비핵화를 전제로 한 낮은 단계의 남북연합은 이미 진행 중"이라고 했다.

그는 무엇이 통일이냐를 두고 다투지 말고 남북 간 교류와 협력을 확대해서 남북 간 교류와 통합이 충분히 진척되었을 때 통일이 됐다고 선언하면 된다고 했다.

실제로 문재인 대통령은 2018년 9월 25일 미국 폭스뉴스(Fox News)와의 인터뷰에서 인위적 통일도 흡수통일도 안 한다고 하면서 "(한반도) 평화가 굳어지면 어느 순간엔가 통일도 하늘에서 떨어지듯 자연스럽게 찾아오게 될 것"이라고 말했다. 이는 백낙청의 '어물어물 통일론'에서 크게 벗어나지 않는다.

통일이 우리 모두의 삶은 물론 후손들에게 결정적 영향을 주게 되고 나아가 민족의 운명을 좌우할 중대사임에도 민주당 정권은 통일을 무조건 밝은 미래로만 포장한다. 그래서 적지 않은 사람들이 통일의 환상에 젖어 어떤 통일이든 통일만 되면 좋다고 생각한다. 그들은 "남북이 안 싸우면 좋지 않느냐", "통일되면 평화가 오고 더 잘살게 되지 않느냐"면서 통일을 만병통치약처럼 여긴다. 심지어 남한의 자본과 기술, 북한의 노동력과 지하자원이 결합하면 민족번영의 길이 열린다면서 "평화가 경제다"라는 구호를 내세운다. 그런데 인민을 감시·통제하고 정치범수용소를 유지하며 대외적으로 폐쇄적인 북한에서 과연 경제적 번영이 가능할까? 통일이란 물리적 결합이 아닌 화학적 결합이 되어야 하는데, 같은 민족이라는 것을 제외하고는 모든 것이 너무 다른 한국과 북한이 어떻게 쉽게 통일이 되겠는가?

그럼에도 민주당 정권은 통일국가의 구체적인 청사진을 제시한 적이 없다. 자유와 민주와 인권이 보장되는 국가일까? 민주주의가 민족자주에 앞서는 절대가치가 될 수 있을까? 평양의 주체사상탑과 수만 개의 김일성·김정일 동상은 존속되어야 하는 것일까? 북쪽 노동자들이 몰려 내려와 우리 사회의 일자리를 차지하면 남쪽의 저임금 노동자들은 어떻게 될까? 통일이 되면 무조건 장밋빛 미래가 보장되는 것이 아니다. 따라서 우리는 어떤 통일을 어떻게 할 것이냐를 꼼꼼히 따져보아야 한다.

우리가 통일이라는 달콤한 환상에 빠져 세계의 화약고로 불리는 한반도의 냉엄한 현실을 망각하고 있지는 않는가? 남북 국가이성의 대립적 본질을 그대로 두고 어떤 통일을 하겠다는 것인가? 물과 기름처럼 너무도 이질적인 남북 체제를 어떻게 통합할 것인가? 한국의 자유민주주의와 북한의 수령 독재 체제를 조화시킬 수 있는 제3의 체제가 존재하기라도 하는 것인가? 대한민국의 자유 시민들이 수령 독재자 김정은에게 복종할 수 없는 것처럼, 김정은 체제 하에서 억압당하고 있는 북한 주민들도 우리 체제를 선택할 자유가 전혀 없는데 어떤 통일이 가능한 것인가?

북한의 완전한 비핵화는 불가능에 가깝고, 현대판 세습 전제군주제의 혁파도 어렵고, 폐쇄되고 통제된 북한의 개방·개혁도 기대할 수 없기 때문에 북한은 정상국가가 될 가능성이 희박하다. 북한이 개방·개혁을 하고 정상국가가 되지 않는 한 중국이나 베트남처럼 경제발전을 하기도 어렵다. 지난 70여 년간 북한은 끊임없이 대남 적대행위를 해왔고, 앞으로도 그것을 중단할 가능성은 거의 없어 보인다. 또한 북한은 그동안 수많은 합의와 약속을 하고서도 제대로 지킨 적이 없다. 따라서 김정은이 쏟아내고 있는 말들을 신뢰할 수 없는 것이다.

이 같은 견해에 대해 낭만적 통일추구세력은 반공냉전주의자들의 케케묵은 넋두리에 불과하다고 일축할지 모르지만, 그 같은 문제들은 북한 체제가 지닌 근본적 문제임이 틀림없다. 이 같은 합리적 우려조차 이해하지 못한다면 한반도 평화는커녕 우리 사회 내 이념갈등도 해결하기 어려울 것이다. 국민의 절반에 달하는 보수조차 포용하지 못하면서 70여 년간 대적해온 북한 체제와 통합하겠다는 것은 백일몽에 불과하다.

'낮은 단계 연방제 통일'은 위험한 지뢰밭

김일성은 북한에서 '민주기지' 건설을 완성했다면서 그 연장선상에서 무력통일을 위한 남침전쟁을 감행한 바 있다. 그 후에도 북한의 적화통일 노선은 변하지 않았지만 대한민국을 전복하기 위한 통일전선전략은 끊임없이 변해왔다. 북한은 1960년대에는 '남북연방제' 통일, 1970~1980년대에는 '고려연방제'와 '고려민주연방공화국' 통일, 1990년대에는 '낮은 단계 연방제'를 주장했다. 이렇듯 북한의 통일전략은 여건 변화에 따라 '무력통일'에서 '연방제'를 거쳐 '낮은 단계 연방제'로 바뀌었다.

연방제 국가란 중앙에 연방정부를 두어 정치, 경제, 국방, 외교 등을 조정하고 나머지 분야는 지방정부가 상당 수준의 자치권을 행사하는 단일국가를 말한다. 미국, 러시아, 독일, 스위스 등이 이런 형태의 연방국가다. 여기에 비해, 북한이 주장하는 '1민족 1국가 2체제 2정부에 기초한 연방제'는 북한의 세습전체주의 체제와 한국의 자유민주주의 체제를 그대로 둔 상태에서 그 위에 중앙정부에 해당하는 기구를 만들어 대외적으로 통일국가로 행세하자는 것이다. 즉, 정치, 군사, 경제 등이 서로 다른 남북한 체제를 그대로 둔 채 통일국가라는 모자를 씌우자는 것이다. 남북 정상들이 이런 통일을 '낮은 단계 연방제'라 칭하면서 원칙적으로 합의한 것이 6·15공동선언이다.

2000년 6월 15일, 김대중 대통령과 김정일 위원장이 남북정상회담을 통해 채택한 6·15공동선언의 제1항에서 "남과 북은 나라의 통일 문제를 그 주인인 우리 민족끼리 서로 힘을 합쳐 자주적으로 해결해나가기로 하였다"라고 한 후 제2항에서 "남과 북은 나라의 통일을 위한 남측의 연합제와 북측의 낮은 단계의 연방제안이 서로 공통성이 있다고 인정하고 앞으로 이 방향에서 통일을 지향시켜나가기로 하였다"라고 합의했다.

그러나 '국가연합'과 '낮은 단계 연방제'가 비슷하다는 주장은 옳지 않다. 연방(federation)은 완전한 단일 통일국가를 말하지만, 연합(confederation)은 완전한 독립국들의 모임이다. 예를 들어, 동남아 11개국의 연합체인 동남아시아국가연합(ASEAN), 구소련에서 독립한 국가들의 연합체인 독립국가연합(CIS), 과거 영국의 식민지였던 국가들의 협력체인 영연방(Commonwealth of Nations) 등은 모두 국가연합이다. 결국, 국가연합이란 주권과 군대를 따로 가진 독립국가들 간의 협력체다. 따라서 한국과 북한처럼 독립된 두 국가가 합쳐져서 국가연합이 된다는 것은 현실성 없는 발상이다. 더욱이, 국가들이 국가연합을 형성하는 것은 공통점을 바탕으로 상호협력을 증진시키기 위함인데, 남북한처럼 상충되는 체제를 가지고 있고, 더구나 군사적으로 적대하는 나라들 간의 국가연합은 존재할 수 없다.

논리적으로는 한반도에서 남과 북이 국가연합을 이루어 상생하다가 단일국가로 통일할 수 있다고 말할 수 있을지 모르지만, 실제로 제로섬적인 체제대결에다 전쟁까지 치른 남북한이 국가연합을 한다는 것은 불가능한 일이다. 만약 그러한 국가연합이 된다고 한다면 결국 비극적 종말을 맞게 된다는 것을 엄청난 후유증을 남긴 예멘의 통일 사례가 잘 보여주고 있다.

예멘은 민주체제인 북예멘과 사회주의체제인 남예멘이 대립해왔지만, 1990년 남북 지도자 간의 합의에 의해 통일되었다. 남북 예멘 지도자들은 기계적인 통합이 이뤄진다면 그 다음의 통합 과정은 무난히 진행될 것으로 낙관했다. 더구나 당시에는 남예멘의 자원과 북예멘의 제조업과 인력이 합쳐지면 경제부흥이 이뤄질 것이라는 장밋빛 기대에 들떠 있었다. 그러나 민주주의와 사회주의라는 이질적인 체제를 섣불리 통합한 결말은 내전(內戰)이었다.

통일예멘은 엉성한 국가연합이었다. 남북 지도자들이 요직을 나누어 가졌지만, 남북 예멘의 군대는 그대로 존속했고, 차량등록번호, 국영항공사, 통관절차, 여권 등 거의 모든 것이 통합되지 않았다. 통일된 지 4년 만에 예멘은 통일 후 암담한 현실에 쌓였던 예멘인들의 불만이 폭발한 가운데 남북세력 간의 갈등이 내전으로 비화되면서 전국이 초토화되었다. 통일정부는 무너지고 북예멘이 남예멘을 무력으로 점령했지만 내전과 혼란은 30년 가까이 계속되고 있다.

국가연합이든 낮은 단계의 연방제든 남북한 간의 통일협상은 여러 가지 어려운 고비에 직면할 것이다. 왜냐하면, 북한이 연방제 통일에 까다로운 전제조건을 내세우고 있기 때문이다. 그동안 북한은 남한의 '민주정부(북한에 우호적인 정권)' 수립, 국가보안법 폐지, 폭압통치기구[국정원, 기무사(군사안보지원사령부), 경찰 보안수사대 등] 해체, 북한과 미국 간 평화협정 체결, 주한미군 철수, 모든 정당·사회단체 및 인사들의 자유로운 정치활동 보장(사실상 공산세력 합법화) 등을 연방제의 전제조건으로 내세워왔다.

연방제 통일은 국가연합보다 더 어려운 공상 같은 이야기다. 연방제 국가는 완전한 단일국가이기 때문에 정치체제와 경제체제가 같아야 하고 하나의 중앙정부와 하나의 군대를 가지고 하나의 외교를 한다. 그렇다면, 북한의 수령독재 세습체제와 한국의 자유민주주의 체제를 어떻게 하나로 통합할 것인가? 6·25전쟁을 도발했고 이후에도 무력도발을 계속해온 북한 군대와 한국 군대를 어떻게 하나의 군대로 통합할 수 있을 것인가? 과거 북한이 주장했던 연방제 통일은 사실상 한국을 북한 체제로 흡수하되 남한 정부에 어느 정도의 자치권을 허용하겠다는 것이었다. 그래서 지금까지 우리 정부들은 연방제 통일이란 공산화로 가는 중간단계로 간주하여 일축해왔다. 이런 상황에서 북한이 내놓은 것이 '낮은 단계 연방제'인 것이다. 즉, 남과 북의 주권, 체제, 국방 등을 그대로 유지하되 큰 지붕에 해당하는 기구를 만들어 얹어서 통일국가로 행세하자는 것이다.

하지만 낮은 단계 연방제 역시 대한민국을 위태롭게 만들 수 있는 꼼수임을 주목해야 한다. 여기에는 명백한 두 가지 이유가 있다.

첫째, 낮은 단계 연방제는 위헌이다. 헌법 제4조에는 "대한민국은 자유민주 질서에 입각한 평화통일을 추구한다"라고 되어 있는데, 세습 권력에다 선거도 삼권분립도 언론의 자유도 종교의 자유도 없는 북한 체제를 통일 대한민국의 일부로 받아들이는 것은 헌법 제4조에 명백하게 위배된다.

둘째, 국가안보 차원에서 매우 위험하다. 북한이 연방제를 공산통일로 가는 중간정거장으로 인식해왔고, 낮은 단계 연방제는 연방제로 가는 임시정거장으로 간주하고 있기 때문이다. 다양한 이견들과 찬반이 분출하는 한국과 수령 말씀이 법이자 여론인 북한이 법적으로 한 나라가 된다면, 한국의 자유민주주의세력은 북한 전체와 남한의 종북주의자들에 의해 포위당하게 된다. 북한이 주장해왔던 대로 남북 동수로 정치단체 연석회의를 연다고 가정해보자. 북한 단체들 모두와 남한의 좌파 단체들이 한편이 될 것이고, 그 결과 자유민주주의를 표방하는 남한 단체들은 고립되고 말 것이다.

그뿐만 아니라 북한은 우리의 자유로운 인터넷 공간 등을 통해 우리 사회의 분열과 갈등을 극대화시킬 것이고, 이로 인해 우리 경제는 침체에 빠지게 될 것이다. 반면에 우리에게는 철저한 통제사회인 북한을 대상으로 맞대응할 수 있는 마땅한 수단이 없다. 그렇게 되면, 남한의 철부지들은 "이제 한 나라가 되었다"고 자축할 것이고, "외세 물러가라, 주한미군 떠나라"고 외쳐댈 것이다. 그들은 대한민국에 대해 온갖 비방을 퍼부으면서도 최악의 국가인 북한에 대해서는 칭송만 할 것이 틀림없다. 그럼에도 우리는 철저히 폐쇄되고 통제된 북한을 변화시킬 수단이 매우 제한되어 있다. 이런 상황에서 높은 단계의 연방제로 전환한다면 통일된 한반도는 사실상 김일성주의 국가가 되고 말 것이다.

무력도발을 자행할 수 있는 북한 군대와 이를 저지해야 하는 남한 군대를 하나의 군대로 인정한다는 것도 기가 막히는 일이지만, 법적으로는 무력도발을 하는 북한군도 우리 국민이고 간첩도 우리 국민이 된다는 사실은 더욱 기가 막힌다. 남북간 무력충돌이 일어나면 법적으로는 내전이기 때문에 미군이 개입하기 어렵고 동맹은 존재 이유를 상실할 것이다. 국가보안법이 폐지되는 것도 불을 보듯 뻔하다. 그래서 전문가들은 "낮은 단계 연방제는 적화통일로 가는 지옥문을 여는 것"이라며 반대한다.

북한이 꿈꾸는 통일, 한국이 꿈꾸는 통일

북한이 말하는 통일은 우리가 이해하는 통일과 근본적으로 다르다는 것을 명심해야 한다. 북한은 "조국통일은 조선혁명에서 주체사상을 구현하기 위한 투쟁"이라 규정하고 있다. 다시 말하면, 통일은 북한의 대남 적화전략의 중심 개념이다. 그들의 논리에서 보면, 북한은 전 조선혁명(한반도 공산화)을 위한 혁명기지이고, 남한은 "미 제국주의자들이 강점 하에 있는 미(未)해방지역"으로 해방과 혁명의 대상일 뿐, 정상적 교류·협력이나 통일의 대등한 파트너가 아니다.

북한의 통일전선전략은 우리 사회 내 동조세력과 협력하여 적화통일하는 것을 목표로 한다. 한국 민주주의의 혼란상을 목격한 김일성은 '남조선혁명역량'을 강화하라고 지시했으며, 이에 따라 북한의 대남전략은 우리 사회 내 반정부투쟁과 민주화운동에 편승한 '남조선혁명'을 목표로 했다. 과거에는 북한이 남파간첩 등으로 지하당 구축을 통해 남조선혁명을 하고자 했지만, 민주화 이후에는 보수세력을 비난하고 진보세력의 주장에 동조하는 등 남남갈등 조장에 집중해왔다. 분단된 국가에서는 분단된 다른 쪽에 쉽게 침투할 수 있는 약점이 있기 마련인데, 북한은 이러한 우리 사회의 약점을 잘 활용해왔다.

남북 간 교류·협력이 원활했던 민주당 정권 하에서도 인터넷 공간 등을 통해 우리 사회의 분열과 혼란을 조성하기 위한 북한의 책동은 계속되었다. 북한이 미국과 비핵화 협상을 하는 과정에서도 한국에 대해 종전선언과 평화협정 체결, 미국의 핵우산 제거, 한미 연합훈련 중단 등을 요구해왔다. 이에 따라 우리 사회 내에서 '민족화합', '민족공조', '외세 배격', '반전 평화' 등 북한의 구호에 동조하는 사람들이 늘어났으며, 그래서 좌파세력은 주한미군 철수, 평화협정 체결, 국가보안법 철폐 등 북한 주장에 적극 동조하게 되었다. 이것은 베트남의 공산통일에서 보듯이 북한이 미국과 평화협정을 체결하고 주한미군을 철수시킨 후 핵무기 등 압도적인 군사력으로 한국을 압박하여 흡수통일하거나 우리 사회의 혼란을 틈타 무력통일하려는 것인지도 모른다.

현실적으로 한반도 통일은 어떤 방식으로 이루어질 수 있을까? 첫째, 우리 헌법이 명시한 대로 자유민주 통일이 평화적으로 이루어지기 위해서는 북한을 흡수통일하는 것뿐인데, 핵무기까지 보유하고 한국을 핵인질로 삼고 있는 북한을 흡수통일하는 것은 불가능하다. 한미동맹이 건재하고 미국과 북한 양쪽 모두가 핵무기를 보유하고 있는 상황에서 어느 일방에 의한 무력통일도 불가능하다. 마지막으로 생각할 수 있는 것은 예멘식 합의에 의한 통일이다. 이 방안은 대통령 외교안보특보인 문정인 교수가 주장한 방안이기도 하다. 지난 몇 년간 우리 정부가 한반도 긴장완화와 남북간 교류확대를 서둘렀던 것을 볼 때, '낮은 단계의 연방제 통일'을 모색하고 있는지도 모른다. 이와 관련해 통일부는 유럽연합(EU) 방식의 남북 국가연합 구상을 마련하기 위해 연구용역을 발주한 바 있는데, 이는 북한이 주장하는 연방제 통일에 대한 거부반응을 고려하여 '낮은 단계의 연방제 통일'을 국가연합으로 포장하려는 것이라는 의혹을 사고 있다. 앞에서 언급했듯이 예멘식 통일은 비극적 종말을 초래했다는 것을 명심해야 한다.

문제는 우리 정부의 대북전략이 국가의 생존과 번영을 고려한 국가대전략에서 비롯된 것이어야 하는데 그렇지 못할 뿐만 아니라 우리 정부가 남북관계를 정권의 이익에 연계시켜 이용하는 데만 급급하다는 것이다. 북한은 이 같은 우리의 약점을 잘 알고 최대한 이용하려는 것으로 보인다. 그래서 북한은 언제나 남북대화의 전제조건을 내세웠고, 남북회담에 목마른 우리 정부는 양보만 거듭해왔다. 우리가 북한에 대해 요구할 것을 제대로 요구하고 관철시킨 적은 별로 없다.

문재인 정부는 북한의 핵을 사실상 용인하고 동시에 북한에 대한 경제협력에 열을 올리는 한편, 대내적으로 군사력 축소, 군사훈련 중단, 동맹관계 약화, 외교적 고립 등 국가안보 역량을 전반적으로 약화시키면서도 이를 평화통일의 길이라고 강변해왔다. 그들은 "한국이 안보역량을 키우면 북한이 화를 내고 남북관계가 시끄러워져 남북 상생을 해치고, 상생이 어려워지면 평화통일이 저해된다"고 주장한다.

2021년도 상반기 한미 연합훈련을 앞둔 2월 통일부는 "한미 연합훈련이 긴장을 고조시키고 남북갈등을 점화하는 방식이 되어서는 안 된다"면서 훈련 연기를 주장했고, 한미 연합훈련을 앞둔 지난 8월 초에도 비슷한 논리로 연기를 주장했다. 그때마다 지지세력들이 동조하고 나섰다. 2월에는 41개 여성단체와 여권 의원들이 한미 연합훈련에 반대하는 집단성명을 발표했고, 8월에는 74명의 여권 의원들이 연합훈련 연기를 촉구하는 결의안을 냈다. 이 논리대로라면 우리가 국방역량을 키우고 한미 연합훈련을 강화하면 그것은 곧 상생과 통일을 저해하게 된다는 것이다.

2021년 9월 22일, 문재인 대통령이 유엔 연설에서 종전선언을 제의한 데 대해 김여정 북한 노동당 부부장은 "굉장히 의미 있다"면서도 "적대시 정책과 이중기준 철회가 선결조건"이라고 했다. 뒤이어 9월 29일, 김정은 위원장은 최고인민회의 시정연설을 통해 "종전선언과 남북관계 회복이 남한 당국에 달렸다"면서 "선결조건을 해결하지 않으면 핵무장력을 더욱 강화하겠다"고 했다. 김정은이 요구한 선결조건이란 김여정이 요구한 대북 적대시 정책 철회와 북한에 대한 이중기준 철폐다. 적대시 정책 철회에는 한미 연합훈련과 북한 핵 억제를 위한 미국 핵우산 및 전략자산 전개 중단이 포함된다. 이중기준 철폐란 북한의 미사일 발사는 정당하기 때문에 그들의 미사일 발사를 두고 '도발'이라고 하지 말라는 것이다. 동시에 북한은 한국에게 F-35 스텔스 전투기 같은 첨단무력과 미사일 시험 발사를 하지 말라고 하면서 자신들의 핵무장은 생존 차원이기 때문에 문제가 안 된다고 주장한다.

여기서 북한의 진짜 속내를 엿볼 수 있다. 핵무기로 한반도를 통일하려는 것이다. 북한은 2021년 2월 초 개최한 노동당 8차 대회에서 수정한 노동당 규약의 서문에 "남조선에서 미제의 침략무력(주한미군)을 철거하고 (…) 강력한 국방력으로 근원적 위협(한국군)을 제압하겠다"고 명시했다. 말하자면, 북한이 장거리 미사일에 장착한 핵탄두로 미국을 압박해 주한미군을 철수시킨 후, 전술핵무기 등으로 한국을 제압하여 통일하겠다는 것이다. 북한이 우리에게 요구하고 있는 선결조건이란 적화통일의 장애요인인 한미동맹과 한국군을 약화시켜야 한다는 것이다.

따라서 안정된 남북 상생은 북한이 핵무기는 물론이고 군사도발이나 적대적인 대남전략을 포기할 때 가능하다. 북한으로 하여금 그런 대남전략을 포기하게 만들려면, 우리가 우세한 안보역량을 확보하고 있어야만 한다. 확고한 안보는 단기적으로 남북 상생을 어렵게 할 수 있을지 모르지만, 장기적으로는 남북 상생의 초석이자 자유민주 통일의 토대가 될 수 있는 것이다.

독일 통일의 단초는 동독 국민의 의식 변화, 서독의 통일역량 비축, 그리고 서독 지도자들의 결단이었다. 통일 과정에서 서독 정부는 집권당의 변화와 무관하게 일관성 있는 '동방정책(Ostpolitik)'을 펼쳤다. 서독의 동방정책에는 양독 간 교류·협력에 더하여 동독 주민의 인권개선 등 동독의 변화를 유도하는 전략들이 내포되어 있었다는 점에서, 북한 정권의 심기를 건드리지 않기 위해 북한에 인권개선이나 분배의 투명성을 요구하지 않는 등 무조건적인 대북지원을 제공해온 한국의 좌파 정부들과 매우 달랐다. 또한, 서독은 압도적인 힘의 우위와 확고한 안보태세를 유지했고, 그것이 '동독의 서독 편입'을 가능하게 했다. 독일 통일에서 동맹국 미국의 역할도 빼놓을 수 없다. 미국은 독일의 재통일을 달갑게 생각하지 않는 주변국들과 소련을 설득하는 데 결정적인 역할을 했는데, 이는 서독 통일외교의 성공을 의미한다.

통일은 국가대전략 차원에서 다루어야 한다

그동안 좌파들은 남북 간의 상생을 통일로 가는 길로 포장하고 친북을 통일로 그리고 안보를 '반통일'로 둔갑시켜왔다. 그래서 그들은 북한에 대해 무조건 우호적이어야 하고 조건 없는 지원도 해야 한다고 주장한다. 동시에 그들은 흡수통일은 무조건 나쁜 것이며, 안보를 강조하거나 북한 인권을 거론하는 것을 반통일로 몰아붙인다. 그 결과 상당수 국민들은 통일에 대한 잘못된 인식에 빠져 있어 어떤 통일이 어떻게 이뤄져야 할지 갈피를 잡지 못하고 있다. 그런 가운데 좌파 정치인들은 이를 정치적으로 악용해왔다고 볼 수 있다.

이제 우리는 통일 문제와 관련된 오해와 왜곡 그리고 진영논리에 입각한 프레임 씌우기 등을 중단하고 헌법이 명시한 대로 올바른 통일정론을 정립해야 한다. 남북 상생을 위한 교류·협력은 그 자체로서 필요하지만 그것을 평화통일의 길이라고 우기는 일은 그만두어야 하고, 북한의 민주화와 변화를 선도하는 것이 자유민주적 평화통일의 길이라는 것이 정론으로 자리 잡아야 한다. 확고한 안보와 강력한 동맹역량이 남북 상생을 위한 기초이자 자유민주 통일의 기반이라는 정론도 정착되어야 한다.

통일이란 통합을 의미한다. 통일되려면 남북 간 동질성이 획기적으로 높아져야 한다. 한국은 모범적 국가이고 북한은 최악의 국가가 아닌가. 한국이 인권이 말살되고 아무런 자유가 없고 모든 주민이 통제되고 감시받고 대외적으로 철저히 폐쇄되어 있는 북한처럼 변할 수는 없지 않는가. 그렇다면 북한이 변해야 한다. 북한이 연방제 통일의 갖가지 전제조건을 내세우는데, 우리도 이제 북한에 대해 통일과 남북관계 개선의 전제조건을 내세워야 한다. 정부가 하기 어렵다면 시민단체라도 나서야 한다. 북한의 핵 폐기, 민주정부 수립, 인권과 자유 보장, 정치수용소 폐지, 대외 개방 등 북한에 대해 주장해야 할 것이 너무 많다. 그뿐만 아니라 우리는 북한 사회 변화를 위해 대북방송, 대북전단 살포 등 가능한 모든 수단을 동원해야 한다. 그래야 실질적이고 당당한 통일을 이룰 수 있다.

이제는 국민이 나서서 친북세력들이 위험한 속내를 숨긴 채 스스로 '통일역군'으로 행세하는 일이나, 정상적인 방법으로 헌법이 명령하는 통일을 위해 노력하는 인사들을 '반통일세력'으로 매도하는 행위를 중단시켜야 한다. 북한 인권을 개선하는 것이 북한 민주화와 북한 내부의 통일역량 함량을 위한 출발점이자 통일의 궁극 목표임에도, 스스로 '민주인사'를 자칭하면서도 북한 인권을 위해 노력하는 사람들을 "남북관계를 불편하게 하는 반통일세력"이라고 매도하는 궤변도 중단시켜야 한다. 결국, 한국에게는 남북 상생을 위한 교류·협력도 필요하고, 북한의 변화를 선도하는 전략도 필요하며, 확고한 안보도 필요하다. 즉, '남북 상생, 북한 변화, 안보'라고 하는 세 마리의 토끼를 모두 쫓아야 하는 것이 분단국 대한민국의 숙명이다.

독일 통일에 비하면, 한국이 처한 통일 여건은 훨씬 열악하다. 남북 간 군사균형이 북한에게 유리한 데다 중국이 북한의 후견인을 자임하고 있고, 통일에 대한 한국 국민의 견해가 엇갈리고 있으며, 한미동맹도 약화된 상태다. 그래서 한국은 통일 정론을 수립하고 대전략 차원에서 북한의 변화와 통일을 주도해나갈 수 있는 강력한 지도자가 요구된다. 이번 대선은 통일 문제를 국가대전략 차원에서 접근할 수 있는 비전과 역량을 갖춘 지도자와 정부를 선택할 수 있는 절호의 기회다.

통일은 역사적 대업이기 때문에 결코 진보세력만의 노력이나 '우리민족끼리' 타협으로 접근할 일이 아니며, 특히 대통령 한 사람이 마음대로 할 수 있는 일이 결코 아니다. 지금처럼 대북정책을 둘러싸고 국론분열이 심각하고 우방국들과 갈등을 빚으면서 통일이 될 수 있다고 믿는 사람은 별로 없다. 통일은 민족 구성원 모두에게 자유와 행복을 보장할 수 있어야 한다. 이는 북한이 인권과 자유가 보장되는 정상국가가 되는 것이 선행되어야 함을 의미한다. 이것은 상당한 시간이 소요되는 문제이기 때문에 통일정책은 장기적 관점에서 정권에 관계없이 일관성 있게 추진되어야 한다. 또한 한반도는 주변 강대국들의 국가이익이 교차하는 지역이기 때문에 통일은 이 국가들의 지지와 협조가 있어야 하고 국제질서와 규범에 맞는 것이어야 한다. 우리 헌법에 명시된 자유민주주의에 기초한 평화적 통일이 바로 그것이다.

제6장

우리의 안보 : 정부·군대·국민 삼위일체만이 해답

박휘락

National Security Leadership

한국은 지금 심각한 안보위협에 직면해 있다. 북한의 재래식 위협도 여전하지만, 최근 등장한 핵 위협은 한국의 생존을 걱정해야 할 정도로 심각한 수준이다. 북한이 보유하고 있는 수소폭탄 한발이면 대형 도시가 초토화된다는 점에서 핵 대비보다 더 중요한 것은 있을 수 없다. 그럼에도 불구하고 우리는 비핵화라는 헛된 기대에 빠져 의도적으로 북한 핵 위협을 회피하고 있다. 그러나 현실은 회피한다고 해서 없어지지 않는다. 우리는 한국의 안보태세를 있는 그대로 냉정히 평가하고, 정부, 군대, 국민이 혼연일체가 되어 대처해나가야 한다.

"설마 북한이 같은 민족인 한국에 핵무기를 사용하겠는가?", "북한 정권이 자신의 멸망을 각오하면서까지 핵전쟁을 강행할까?", "미국의 핵우산이 있는데……"라며 북한의 핵 위협을 외면하는 것은 국가안보에 대한 너무도 무책임한 태도다. 개인의 생명에 대한 것과 같이 국가안보는 언제나 만전을 기해야 하고, 최악의 상황까지 고려하여 대비해야 한다.

안보대비태세 구축에는 삼위일체가 핵심

현대전 모두가 그러하지만 핵전쟁은 철저한 총력전(Total War)이 될 수밖에 없기 때문에 총력을 다해 대비하지 않을 수 없다. 핵무기의 피해는 국가의 존속을 불가능하게 할 정도로 막대하다. 특히 현재까지의 핵공격 개념이 인구밀집 도시를 목표로 삼고 있고, 현대 핵전략의 일차적인 공격목표가 대도시에 살고 있는 국민이라는 점에서 그 피해를 짐작할 수 있다.

총력전이라는 용어는 독일의 루덴도르프(Erich von Ludendorff) 장군이 1935년에 발간한 『총력전론(Der Totale Krieg)』에서 처음 사용했는데, 100년 정도 지나는 사이에 총력전의 필요성은 핵무기로 인해 엄청나게 커졌다. 핵전쟁은 도시의 초토화는 물론이고, 국가의 소멸, 세계의 종말로 연결될 수 있기 때문이다. 이러한 총력전을 제대로 인식하지 못하거나 군대나 제한된 핵 대응 전력에 의존하는 국가의 안전은 위태로울 수밖에 없다.

총력적 대비와 관련하여 빈번하게 사용되는 중요한 개념은 독일의 저명한 군사이론가인 클라우제비츠(Carl von Clausewitz)가 주장한 '삼위일체론(Trinity)'이다. 그는 『전쟁론(Vom Kriege)』이라는 저서에서 전쟁은 "역설적 삼위일체(a paradoxical trinity)"라면서 정부, 군대, 국민이 삼위일체가 되어 대응할 때 승리할 수 있다는 점을 강조했다. 클라우제비츠의 이러한 주장에 근거하여 미국의 서머즈(Harry Summers, Jr.)는 미국이 수행한 현대전을 분석한 후, 베트남전에서 미국은 '국민'의 요소를 제대로 고려하지 않아서 패배했고, 걸프전에서는 국민, 군대, 정부 간의 삼위일체를 달성하여 승리했다고 주장했다. 따라서 핵전쟁을 예방하거나 이로부터 생존을 보장받고자 한다면 국민, 군대, 정부가 더욱 높은 수준의 단결과 일체성을 발휘해야 한다.

일반적으로 국가안보나 전쟁 대비와 관련하여 가장 주도적인 역할을 담당하는 주체는 '정부'이며, 특히 대통령의 안보리더십이 결정적으로 중요하다. 정부는 국가안보 차원의 위협을 식별하고, 그에 대응하기 위한 전략과 계획을 수립하며, 그것을 구현하기 위한 국가 수준의 조치들을 계획하고 시행한다. 이것을 북한의 핵 위협에 적용해보면, 정부는 북한 핵의 현황과 북한의 핵전략을 정확하게 파악한 후, 그에 효과적으로 대응할 수 있는 억제 및 방어 전략을 수립하고, 그것을 구현할 수 있는 다양한 조치들을 시행해야 한다. 이를 바탕으로 정부는 군대에게 북한 핵에 대응하기 위한 전략·전술을 마련하고, 나아가 필요한 무기와 장비를 증강하도록 지도해야 하며, 국민들에게도 핵 위협으로부터 안전을 보장하기 위해 어떻게 노력해야 하는지를 알려주고 국민들의 노력을 결집시켜야 한다.

정부 다음으로 국가안보를 위해 적극적인 역할을 수행하는 것이 '군대'다. 군대야말로 전쟁의 억제와 대비를 위한 실질적인 조치를 하는 조직이다. 따라서 한국군은 북한의 핵 위협을 군사적 차원에서 정확하게 분석하고, 북한의 핵무기 사용을 억제 및 방어하는 데 필요한 모든 조치들을 강구해나가야 한다. 다만, 재래식 위협과 달리 핵 위협에 대해서는 우리 군의 노력이 한계를 지니고 있다는 점도 인정하지 않을 수 없다. 비핵(非核)국가의 군대는 상대방이 핵무기로 공격할 경우 그보다 더 강한 응징보복을 할 수 없기 때문에 억제에 한계가 있을 수밖에 없다. 이러한 점 때문에 비핵국가의 경우 핵보유국을 동맹국으로 확보하지 않을 수 없다. 그래야 핵무기로 공격하면 동맹국의 핵무기로 더 강한 응징보복을 하겠다고 상대방을 위협할 수 있고, 이를 통해 핵억제가 가능하며, 핵억제가 가능해야 재래식 군사력도 위력을 발휘할 수 있기 때문이다.

삼위일체 중 '국민'의 요소가 갖는 중요성은 자칫하면 간과하기 쉽다. 전쟁은 정부와 군대가 주도하고, 국민은 그것을 지켜보거나 그 결과를 수용할 수밖에 없는 수동적인 존재로 인식하는 것이 일반적이기 때문이다. 그러나 드러나지 않는 경우도 있기는 하지만, 지금까지 수행되어온 모든 전쟁에서 국민의 요소가 근본적인 승리의 동인(動因)으로 작용해왔다. 특히 나폴레옹 전쟁으로 국민의 군대가 등장한 이후부터 전쟁 대비 및 수행을 위한 국민들의 적극적인 결의와 참여가 전쟁의 승패를 좌우하게 되었다. 특히 핵무기는 국민들을 직접적인 공격대상으로 삼고 있고 국민 대부분이 피해를 입는다는 점에서 국민들의 대비 필요성이 더 클 수밖에 없다.

벼랑 끝에 선 한국의 안보위기

그렇다면 한국의 삼위일체 수준은 어떠한가? 한때는 "한 손에 삽, 한 손에 총"이라는 구호로 총력적인 대비를 했으나, 산업화와 민주화를 거치면서 점점 그 의식이 약화되었다. 현재는 북한의 핵 위협이 심각하여 세계의 모든 국가가 걱정하고 있는데, 그러한 위협에 직접 노출되어 있는 한국만 별로 걱정하지 않는 특이한 현상마저 발생하고 있다.

정부가 안보불안의 해결자에서 안보불안의 원인이 되고 있다

국가안보에 관한 사항은 정부가 전적으로 책임진다. 대통령을 중심으로 하는 정부는 국가안보 목표를 설정하고, 그러한 목표를 달성하는 데 필요한 계획을 수립하고, 그 계획을 구현하는 데 필요한 국가적 조치들을 시행한다. 그래서 정부는 "평시 → 전시 → 평시"로의 전환에 관한 제반 결정을 내리고, 그러한 결정의 시행을 위한 강제력을 발동하거나 집행한다. 특히 이러한 과정에서 대통령은 국군통수권자 또는 전시 총사령관(Commander in Chief)으로서 국가안보에 관한 최종 결정권을 보유하고, 선전포고와 강화를 비롯한 전쟁에 관한 대부분의 중요한 사항을 결정한다.

한국은 북한과 휴전상태이고 북한이 언제 기습적으로 남침할지 알 수 없기 때문에, 한국의 역대 정부들은 국가안보에 관한 이러한 중차대한 역할을 매우 중요하게 생각하고 국가안보 태세에 만전을 기했다. 그러나 문재인 정부가 들어선 이후 국가안보에 관한 정부의 책임 인식과 역할 수행은 미흡하기 짝이 없다. 북한이 핵무기 증강을 가속화하고 있지만, 현 정부는 이로부터 국민을 보호하는 데 필요한 국가안보전략이나 핵억제전략을 발표한 바도 없고, 대통령이 국가안보에 관한 중요한 조치를 취한 것도 별로 없다. 북한과의 대화에만 치중한 채 최악의 상황에 대한 대비는 도외시해왔다. 대통령이 군에게 북핵 억제와 방어에 관한 제반 조치를 강구하도록 지시하거나 점검한 적도 없다. 현 정부는 정부의 가장 중요한 기능인 국가안보에 대한 책임을 제대로 인식하지 못하고 있는 듯 보인다. 그래서 상당수의 국민들은 불안해서 밤잠을 제대로 이루지 못하고 있다.

북한 핵을 북한 핵이라 하지 못하는 군대

모든 국가에서 군대는 국가안보를 위한 실질적이면서 결정적인 수단이다. 평화가 지속될 경우 전쟁의 억제와 승리를 위한 군대의 역할이 부각되지 않을 수 있으나, 위기가 발생하거나 전쟁이 발발하게 되면 군대는 국가의 결정적 수단으로 격상되면서 국가의 모든 역량을 최우선적으로 사용하게 된다.

한국은 6·25전쟁을 거치면서 강력한 군대 없이는 국가안위나 경제성장을 보장할 수 없다는 사실을 깊이 인식하게 되어 군대 육성에 집중적인 노력을 기울였다. 경제발전에 매진하면서도 '방위세'를 신설하여 군사력 확충을 위한 재원을 마련하고, '자주국방'의 기치 아래 상당수의 무기와 장비를 국산화함으로써 막강한 현대식 군대를 육성할 수 있었다. 그러나 문재인 정부 들어서 군대를 정치적 집단으로 인식하면서 군의 영향력을 약화시키고 전문성을 고려하지 않은 진급과 보직으로 군의 단결과 사기는 크게 저하되었다. '3축 체계'(전략표적 타격·한국형 미사일 방어·대량응징보복) 구축에서 보듯이 이전 정부까지 군은 북한의 핵 위협에 대비해왔지만, 현 정부에 와서는 '북핵'을 제대로 논의하거나 이에 대한 대비책을 논의하지도 못하는, "북핵을 북핵이라고 언급하지 못하는" '홍길동 군대'가 되고 있다.

이처럼 전반적인 군의 사기, 군기, 단결이 저하되면서 경계 실패, 성범죄 등이 빈발하고 있다. 현 정부는 싸워 이길 수 있는 군대로 변모시키기 위한 국방개혁을 군대를 축소 또는 위축시키는 명분으로 사용하고 있다. 우리 군대가 유사시에 국가와 국민을 지켜줄 수 있을 것인가에 대한 근본적인 의문을 제기하는 국민들도 적지 않다. 그럼에도 군대는 국민들의 염려를 수용하기는커녕 정부의 눈치를 보는 데만 급급해하고 있다. 본연의 역할을 잊고 정치의 시녀가 된 군대가 전쟁에서 이긴 사례는 없다.

"설마 전쟁이 나겠는가?"라는 안이한 생각에 빠진 국민

과거에는 국민이 국가안보나 전쟁에 직접 관여하지 않으면서 그 결과에 따라 영향을 받았지만, 현대에 와서는 국민이 군대의 전쟁 대비와 수행을 적극적으로 지원하는 주체가 되었다. '총력전'에서 가장 강조하는 사항이 국민의 적극적인 전쟁 참여다. 국민은 국가안보의 주체 중 하나로서 국가안보에 관한 중요한 결정에 참여하고, 정부에게 국가안보에 필요한 조치를 강구하도록 요구하며, 군대를 지원한다. 특히 핵무기는 후방에 있는 국민들을 대상으로 하고 있기 때문에 정부는 핵공격 시 국민의 생존을 보장할 수 있는 대책을 강구하고, 국민을 참여시켜야 한다.

냉전 당시 한국은 총력방어라는 구호를 통해 전쟁 대비와 수행에 대한 국민의 적극적인 참여를 강조했고, 향토예비군을 창설하여 후방지역은 국민 스스로가 방어하는 체제까지 구축했다. 그러나 냉전이 종식되고 경제가 발전하면서 이러한 총력방어의식은 사라지고 있다. 특히 현 정부는 선거에서의 승리만 의식한 채 국민들의 희생을 요구하는 정책은 의도적으로 회피하는 경향이 있다. 한마디로 안보 포퓰리즘이 일상화되고 있는 것이다. 따라서 총력방위의 중요성을 국민에게 제대로 홍보하지도 않았고, 특히 북한의 핵능력이 엄청나게 증강되었음에도 핵공격을 상정한 민방위는 전혀 검토도 하지 않고 있다. 특히 "전쟁하자는 것이냐?"라는 말에서 보듯이 국가안보보다는 평화라는 명분으로 국민들의 표를 얻고자 노력하고 있고, 그 결과로 국민들도 안보 상황에 점점 무관심해지면서 "설마 북한이 전쟁을 벌일까?"라는 인식이 확산되고 있다.

지금까지 살펴보았듯이 국가안보를 위한 정부-군대-국민의 삼위일체는커녕 정부, 군대, 국민 어느 부문도 국가안보를 위한 과업을 충실하게 이행하고 있지 않다. 안보가 허물어지면 많은 국민이 희생되거나 피해를 입고 고통받기 때문에 정부와 군대가 국가안보를 위한 과업을 제대로 수행하고 있지 않다면 국민이 나서는 수밖에 없다.

북핵 대응을 위한 우리의 과제

현재 한국이 직면하고 있는 가장 심각한 위협은 북한 핵이다. 한국의 국력, 한국군의 대비태세, 한미동맹을 고려할 때 북한의 재래식 위협만으로는 한국의 안보를 결정적으로 위태롭게 하기는 어려울 것이다. 그러나 북한의 핵으로 인해 한국은 북한에게 굴종 또는 정복당할 가능성이 없지 않고, 특히 북한이 핵무기를 사용한다면 국토가 초토화되고 민족의 영속 자체가 불가능해질 수 있다. 그런데 이에 대한 대비태세는 매우 미흡한 실정이다.

정부는 북한 핵에 대한 대응전략과 대응체제 수립에 즉각 나서야

무엇보다 정부는 국가안보가 국가의 가장 중요한 과제라는 점을 인식하고, 국가안보 목표와 전략을 정립해야 하며, 특히 국가 차원의 핵 억제 및 방어 전략을 마련하는 것이 시급하다. 정부가 명확하면서도 달성 가능한 국가안보 목표를 제시해야 국가의 제반 노력이 그러한 방향으로 집중될 수 있기 때문이다. 이러한 점에서 통일보다는 '자유민주주의 수호'라는 목표에 중점을 둘 필요가 있고, 이를 통해 정부, 군대, 국민이 분명한 신념을 가진 상태에서 국가안보에 동참하도록 만들 필요가 있다.

당연히 청와대는 북한의 핵사용을 억제하거나 북한 핵을 방어하는 것을 국정의 최우선 과제로 선정하고, 이를 효과적으로 수행할 수 있도록 모든 관련 부처의 노력을 통합 및 조정해 나가야 한다. 북한의 비핵화를 위해 외교적 노력을 계속하는 동시에 동맹 및 우방국가와 협력하여 효과적인 억제책을 마련하거나 자체적인 억제 및 방어대책을 수립하는 데도 소홀해서는 안 된다. 아울러 북한 핵 위협의 실체를 정확히 파악하고 그 내용을 국민들에게 수시로 정확하게 알려 줄 필요가 있다. 북한 핵에 대한 효과적인 대응을 위해서는 정부의 대응체제부터 재구축할 필요가 있다. 청와대 안보실에 북한 핵 컨트롤 타워 역할을 할 핵전략 전문가들을 영입하여 이들이 북한 핵 대응을 위한 국가의 모든 노력을 총괄하게 해야 한다. 그리고 국방부와 외교부에 북한 핵 방어와 억제를 최우선 과제로 수행할 수 있게 조직을 보강하도록 지시하고, 군으로 하여금 필요한 능력을 조기에 확보하게 하며, 국정원에는 북한 핵 정보 수집에 총력을 기울이도록 지시해야 한다.

북한에 대한 효과적인 경제제재를 위한 국제적 노력을 결집하는 데도 외교적 역량을 집중할 필요가 있다. 경제제재가 북한의 핵무기 개발을 지체시키거나 핵을 포기하도록 하는 데 효과적이기 때문이다. 따라서 유엔에서 승인된 경제제재 결의안이 충실하게 이행되도록 미국을 중심으로 한 동맹 및 우방들과 적극 협조해야 한다. 동시에 비핵화를 명분으로 국제사회의 북한 규탄과 한국의 조치에 대한 지지를 획득하고, 북한이 핵무기를 포기하지 않을 경우 국제사회가 북한을 인정할 수 없다는 점을 분명히 하도록 외교적 노력을 기울여야 할 것이다.

당연히 한국, 미국, 일본 등 북한 핵 대응에 적극적인 동맹 및 우방국들 간의 긴밀한 협의와 협조를 강화해나가야 한다. 실무적인 차원에서 1999년부터 2004년까지 가동되었던 '대북정책조정그룹(TCOG, Tri-lateral Coordination and Oversight Group)'처럼 한국, 미국, 일본 간의 대북정책 협의 채널을 복원하는 방안을 검토할 필요가 있다. 북한의 핵무기라는 공통의 위협에 직면해 있다는 점에서 한국은 과거사나 민족적 감정에서 벗어나 북한 핵 대응을 위한 일본과의 협력을 강화해나갈 필요가 있다.

한국은 북한의 핵 위협을 억지하기 위해 미국의 확장억제(extended deterrence)에 의존하고 있다. '확장억제' 개념은 동맹국에 대한 적국의 핵 공격을 억지하기 위해 미국의 전술핵무기는 물론 전략핵무기까지 사용할 수 있다는 의미다. 한국은 미국과 확장억제의 이행에 필요한 의사결정 과정과 세부적인 절차들을 평시부터 발전시키고 필요한 합의를 명시하는 등 한미동맹 공약의 이행을 제도적으로 보장하고자 노력해야 할 것이다. 특히 북한 핵 대응을 위한 한미연합사령관의 책임을 강조함으로써 유사시 확장억제의 이행을 보장할 수 있도록 북한 핵 위협이 해결될 때까지는 전시작전통제권 환수를 논의하지 않겠다는 점을 공개적으로 천명할 필요가 있다. 동시에 미국 핵무기의 한반도 전개를 요청하거나, 나토 국가들의 사례를 참고하여 한미 양국군이 함께 응징보복 계획을 작성하거나, 미국의 핵무기 중에서 대(對)북한용을 별도로 할당하도록 요청할 수도 있다.

남북관계 측면에서도 비핵화에 대한 단호한 입장을 견지하면서 대화를 구걸하지 않도록 유의할 필요가 있다. 특히 대화는 강온양면 전략이 함께 가동되어야 가능하다는 점에서 필요하다고 판단될 경우 북한에 대한 강경책도 주저하지 말아야 한다. 그와 같은 단호함을 보일 때 오히려 남북한이 대등한 입장에서 대화를 진행할 수 있고, 대등한 대화를 통하여 핵 문제 해결의 실마리도 찾을 수 있다. 정치적인 목적에서 단기간에 가시적 성과를 노리는 남북대화가 아니라 장기적 차원에서 남북한 평화공존과 통일을 지향하는 것이 중요하다.

또한 정부는 핵 공격에 대비한 대피시설을 구축하고 대피훈련 지침을 마련해야 하며, 이에 따라 국민들도 재원 분담, 자치조직 활성화, 자발적인 참여 등을 통해 민방위태세를 강화해나가야 한다.

북한 핵 대응전력 증강에 집중해야 할 군대

우리 군 역시 북한 핵에 대한 대응에 최우선 순위를 두어야 한다. 북한 핵에 대응하지 않은 채 다른 문제들에 관심을 기울이는 것은 암에 걸렸는데 감기를 걱정하여 대비하는 것처럼 일의 경중을 혼동하고 있는 것이다. 따라서 군은 최우선적으로 핵억제 및 방어 전략을 정립하는 것은 물론, 정부의 핵 대응전략 수립에도 적극적인 역할을 해야 한다. 나아가 군은 북한 핵 억제 및 대응전략을 구현하는 데 필요한 과제를 도출하여 우선순위에 따라 실천해나가야 할 것이다. 이를 위해 국방부와 합동참모본부는 북한의 핵 위협 대응에 초점을 맞추어 조직부터 개편하고, 업무의 우선순위도 전면적으로 재조정하며, 간부들의 연구 및 논의 주제도 핵 대응 위주로 전환해야 할 것이다. 재래식 전면전이나 국지도발보다는 북한 핵 대비에 대한 우선순위를 높이고, 가용한 모든 노력과 재원을 최우선적으로 투입함으로써 북한 핵 위협으로부터 국민을 보호할 수 있는 태세를 조기에 구축해야 한다.

이러한 점에서 군은 미군의 사례를 참고하여 주변국의 위협 등 다양한 모든 위협에 대응해오던 '능력 기반 국방기획(capabilities-based planning)'에서 벗어나 북한 핵 위협에 대한 대응에 모든 노력을 집중하는 '위협 기반 국방기획(threat-based planning)'으로 전환하여 북한 핵 위협 대응에 필요한 전력을 최우선적으로 증강해나가야 한다. 다양한 위협에 모두 대비할 여력이 없고, 북한의 핵 위협은 너무나 엄중해졌으며, 인건비나 기타 전력운영비의 상승으로 신규 전력증강에 투자할 수 있는 재원이 제한되어 있는 것이 현실이기 때문이다.

간부들의 전문성 향상 노력도 강조하지 않을 수 없다. 북한의 핵 위협이 심각함에도 간부들은 군사이론 특히 핵억제이론에 대해 그다지 큰 관심을 두지 않고 있기 때문이다. 따라서 국방장관을 비롯한 군 수뇌부들은 간부들에게 군사이론 학습과 논의를 강조하고, 적극적인 해외 및 국내 자질 향상 교육을 장려하여 간부들의 기본적인 지적 역량을 향상시키며, 전문성이 높은 간부들을 진급과 보직에서 우선해야 한다. 북한 핵의 위험성과 그에 대한 억제 및 방어 이론을 제대로 학습하지 않는 군 수뇌부가 존재해서는 곤란하다.

그동안 한국군은 자주성 고양 차원에서 미군의 첨단 전력을 한국군의 자산으로 대체하고자 노력해왔고, 이로 인해 엄청난 국방예산이 사용되었지만 국방태세가 실질적으로 강화되었다고 말하기 어렵다. 북한 핵 위협 대응의 긴박성으로 인해 이제는 한미연합전력의 분업체제를 다시 적용하여 전력증강의 우선순위를 판단할 필요가 있다. 한국군은 미군이 수행하는 임무에 관련된 부문에는 전력증강을 하지 않고, 미군이 수행할 수 없는 분야에 집중적으로 전력증강을 해나가야 할 것이다. 그래야만 단기간에 최소한의 투자로 최대의 한미연합 핵 대응력을 구비할 수 있을 것이다.

한미연합 맞춤형 억제전략(tailored deterrence strategy) 구현을 위한 미군과의 협력에 최선을 다하되, 북한이 핵무기로 공격할 경우 자체적으로도 김정은을 비롯한 북한 수뇌부를 제거하겠다는 의지를 천명하고, 지하 벙커를 공격할 수 있는 특수단을 확보하는 등 능력을 과시할 수 있어야 한다. 북한 지도부야말로 북한의 '중심'이기 때문에 한국이 북한 수뇌부 제거를 위한 강력한 의지를 표명하고, 이를 구현하기 위한 실질적인 능력을 과시할 경우 상당한 억제효과를 기대할 수 있다. 나아가 북한이 공격하더라도 방어할 수 있는 태세도 강화함으로써 북한이 성공하지도 못하고 보복만 당하지 않을까 우려하여 핵공격을 자제하도록 만들어야 한다.

한국군은 억제 실패 시 국가지도부에서 선제타격을 실시하도록 지시할 경우 100% 성공할 수 있도록 실질적인 선제타격 능력을 구비하고, 사전 연습 등 필요한 준비를 해야 한다. 특히 유사시 공격해야 할 표적들을 모두 식별해두고, 각 표적의 특성과 그에 대한 공격방법을 연구해둘 필요가 있다. 지시가 하달될 경우 편성할 항공기와 무장을 사전에 정해두고, 방공망을 회피할 수 있는 대책을 강구해야 한다. 특히 타격이 종료된 이후 귀환경로는 물론이고, 세부적인 모든 사항들을 사전에 생각하여 현실성 있는 계획을 마련해둔 다음, 계획대로 연습하여 성공 가능성을 증대시키고 계획을 계속 수정하여 현실성을 보강함으로써 확실한 성공을 보장할 수 있어야 한다.

한국군은 효과적인 미사일방어(MD) 체제를 서둘러 구축하고자 노력할 필요가 있다. 우선은 한미 또는 한미일 협력을 강화함으로써 한국이 충분히 구비하지 못하고 있는 능력을 한미 양국과의 협조로 보완할 필요가 있고, 하층방어용의 PAC-3 요격미사일을 추가 구매하여 주요 도시를 방어할 수 있도록 배치해야 할 것이다. 북한과 근접한 서울에서도 2회의 요격이 가능하도록 중층방어 개념을 설정하여 현재 개발하고 있는 장거리 대공미사일로 이를 담당하도록 하고, 중부 이남의 도시에 관해서는 상층방어를 위한 사드(THAAD)를 도입하여 역시 2회의 요격을 보장할 필요가 있다. 그리고 한국의 상황과 여건을 고려하여 해상요격미사일인 SM-3를 도입하는 것이 적합한지 검토해야할 것이다.

정부와 군대의 안보 대비태세를 감독해야 할 국민

영국 군사역사학자 하워드(Michael Howard)는 1979년 "전략의 잊혀진 차원(The Forgotten Dimensions of Strategy)"이라는 논문에서 군수, 작전, 기술 등 표면적인 요인이 전쟁 승리에 결정적인 것으로 보이지만, 실제로는 '사회적 차원(social dimension)', 즉 국민의 요소가 언제나 전쟁 승리에는 드러나지 않는 결정적인 요소였다고 주장했다. 그는 핵전쟁에서는 국민의 의지와 응집력이라고 할 수 있는 사회적 차원이 더욱 중요한데, 전체주의 국가들은 이러한 측면이 강하기 때문에 이와 대결하는 자유민주주의 국가들은 국민적 결의를 더욱 강화해야 한다고 주장했다.

핵전쟁에 관한 국민의 확고한 결의를 보장하기 위해서는 국민이 북한 핵 위협의 심각성과 실태를 냉정하게 이해하고 있어야 한다. 북한은 한반도의 공산화, 즉 6·25전쟁 때 못다 이룬 공산화통일을 핵무기를 통해 달성하려 하고 있다. 그들이 수소폭탄과 대륙간탄도미사일(ICBM), 잠수함발사미사일(SLBM)까지 개발하여 미국을 위협함으로써 미국이 유사시에 한국을 지원하지 못하도록 차단하려는 의도를 가졌음을 우리는 직시해야 한다. 북한이 핵무기를 개발하는 목적을 체제유지, 미국 압박, 내부결속용으로 평가하거나, 북한이 같은 민족인 우리에게 핵무기를 사용하겠느냐며 안심하고 안일하게 대응하는 것은 참으로 위험하다.

따라서 핵 위협으로부터 우리 자신을 지키고자 한다면 국민은 핵전쟁도 불사하겠다는 각오로 대응하는 수밖에 없다. 우리가 아무리 처참한 핵전쟁이라도 끝까지 저항하겠다는 단호한 태도를 보이면, 북한은 핵공격이나 위협을 자제할 것이다. 우리가 북한과의 전쟁은 어떤 경우든 피해야 한다는 인식에 사로잡혀 있을 경우, 북한은 한국을 얕잡아보면서 핵무기를 앞세워 한국을 지속적으로 위협할 것이고, 한국이 하나를 양보하면 그들은 둘을 추가로 양보할 것을 강요할 것이다.

국민은 "전쟁이냐 평화냐" 중에서 전쟁을 선택할 수 있는 결연함이 있어야 한다. '전쟁불사'라는 국민의 단호한 각오가 전제될 때 정부와 군대도 국가의 수호와 국민의 안전보장을 위한 핵억제 및 방어 전략에 매진할 것이다. 국민은 핵공격을 받을 수 있다는 최악의 생각을 바탕에 두고 그로부터 피해를 최소화하기 위한 조치를 자발적으로 강구함과 동시에 정부와 군대의 적극적인 지침과 지원을 요구할 필요가 있다. 특히 재래식 전쟁 위주로 시행되고 있는 민방위 훈련에 핵공격 상황을 포함시켜 필요한 훈련을 하도록 요구해야 할 것이다.

국민이 국가안보에 대해 목소리를 내기 위해서는 안보에 대해 무관심하거나 무지해서는 안 된다. 우리의 안보실상에 대해 잘 알고 있어야 한다는 말이다. 그렇지 않으면 안보에 관련된 북한의 대남 선동이나 우리 사회 내 일부 세력의 잘못된 주장에 쉽게 속아 넘어갈 수 있다. 최근 국가안보를 둘러싸고 유언비어와 가짜뉴스가 기승을 부렸다는 점에서 안보 사안에 대한 국민의 정확한 판단이 요구된다. 2010년 3월 천안함 폭침사건의 원인을 둘러싼 유언비어, 2014년 6월경부터 시작된 사드(THAAD)를 둘러싼 유언비어 등으로 한국 사회가 겪은 분열과 혼란은 심각했다. 이러한 유언비어는 국민이 국가안보에 관한 정확한 지식을 가지고 있을 때 예방될 수 있다. 따라서 국민은 국가안보에 관한 기본적인 사항을 이해하고자 노력하고, 공식적인 정보 이외에 유포되는 사항에 현혹되지 않도록 노력해야 한다. 특히 언론과 지식인들은 일부 인사들의 검증되지 않는 주장을 여과 없이 전달하지 않도록 주의해야 하고, 있는 그대로의 사실을 국들에게 정확하게 알리고자 노력해야 한다.

대통령 안보리더십은 국가안보의 핵심

외교와 국방을 포함한 국가 중대사를 결정하는 가장 핵심적인 역할을 수행하는 사람은 정부의 수반, 즉 대통령이다. 헌법은 제66조 1항에서 대통령은 국가의 원수이고, 외국에 대하여 국가를 대표한다고 규정한 뒤, 제2항에서 "대통령은 국가의 독립·영토의 보전·국가의 계속성과 헌법을 수호할 책무를 진다"고 명시하고 있다. 이 조항 전체가 국가안보에 관한 사항이라고도 할 수 있지만, 그중에서도 "국가의 독립·영토의 보전"은 명백히 국가안보에 관한 책무이다.

우리 헌법은 국가안보를 위한 대통령의 책무를 규정하는 데만 그치지 않고, 그것을 달성하는 데 필수적인 권한을 부여하고 있다. 헌법 제72조를 통해 대통령에게 '외교·국방·통일 기타 국가안위에 관한 중요 정책을 국민투표에 붙일 수 있다"고 규정하고 있고, 제73조에서는 "선전포고와 강화"의 권한, 제74조에서는 "국군 통수권"을 부여하고 있다. 다시 말하면, 북한 핵 위협을 비롯하여 국가안보 위기로부터 국가와 국민을 보호하고, 정부·군대·국민의 삼위일체를 보장하는 핵심적인 역할을 수행해야 하는 것이 대통령이라고 규정하고 있다.

6·25전쟁을 겪었을 뿐만 아니라 휴전상태로 남북한이 대치하는 상태가 지속되면서 대부분의 역대 대통령들은 이러한 책무를 엄중하게 인식하고 그 이행에 만전을 기하기 위해 노력했고, 특히 군인 출신의 대통령들은 지나치다고 할 정도로 안보를 강조했다. 그 결과 한국은 북한의 지속적인 도발 속에서도 놀라운 경제발전을 이룩함과 동시에 자주국방태세를 강화해나갈 수 있었었다. 그러나 민주화의 명분 아래 일부 세력이 '반(反)정부=반(反)안보=반(反)군대'라는 인식을 갖게 되었고, 이들이 현재의 정치를 주도하게 됨에 따라서 최근의 일부 대통령과 정치지도자들은 국가안보에 관련된 책임 이행에 있어서 국민의 기대에 크게 못 미치고 있다. 그들의 최우선적인 관심은 정치적 이익이고, 국가안보는 그다지 중요하지 않은 것 같다. '자주국방'은 구호에 그쳤을 뿐 국가안보가 위협을 받는 상황에서도 우리 스스로의 힘으로 억제 및 방어하려는 계획이나 노력은 찾아보기 어렵다.

예를 들면, 북한이 절대무기라 할 정도로 엄청난 위력을 갖고 있는 핵무기 개발에 성공한 상황에서 대통령이라면 그것으로부터 국가와 국민을 보호할 수 있는 억제 및 방어 전략을 수립하는 것은 물론, 이것을 국민들에게 설명하고, 군대로 하여금 이에 철저히 대비하도록 지시했어야 한다. 대화와 타협을 통한 비핵화를 추진하더라도 만일의 사태를 가정한 대비에는 한 치의 소홀함이 있어서는 안 된다. 그러나 현 정부는 북한 핵에 대한 억제전략이나 대비책을 마련하지도 않았고, 국민들에게 보고하지도 않았으며, 군대로 하여금 이에 대비하도록 지도하지도 않았다.

이전 정부에서는 소위 '3축 체계'로 선제타격, 미사일방어, 한국형 응징보복의 개념을 설정하고, 이를 구현할 수 있는 능력 구비에 노력해왔다. 그런데 그동안 북한의 핵 위협이 더욱 강화되었기 때문에 당연히 북한 핵에 대한 체계적이고 포괄적인 억제 및 방어대책을 강구했어야 함에도 불구하고 현 정부는 그렇게 하지 않았다. 오히려 북한의 핵문제가 곧 해결된다거나, 북한은 핵무기를 사용하지 못할 것이라는 식으로 국민들을 안심시키는 데 열중했다.

현 정부가 북한 비핵화라는 허상에 집착하여 북한 핵 위협에 대한 대비책은 거의 강구하지 않았고, 이로 인해 군대는 물론 국민도 안일해지고 말았다. 이러한 점에서 이제 우리는 민주화 추진 과정에서 일시적으로 곡해되었던 '반(反)정부=반(反)안보=반(反)군대'라는 등식에서 벗어나 모든 정치인들이 국가안보를 최우선적으로 논의하고, 국가안보에 관한 충분한 지식과 안목을 구비한 정치인이 국가지도자가 되는 풍토를 조성할 필요가 있다. 그렇지 않을 경우 우리는 북한의 핵공격이나 기습공격과 같은 위기가 발생할 경우 아무런 대비 없이 삽시간에 붕괴되거나 전쟁을 제대로 수행하지 못한 채 우왕좌왕하게 될 수밖에 없다. 최근 아프가니스탄에서 발생한 정부와 군의 행태가 한국에서도 발생하지 않는다고 장담하기 어렵다.

국민에 의해 선출되는 대통령을 비롯한 정부수반이 국가안보의 핵심요소인 국방이나 군사에 관한 충분한 지식을 갖지 못할 가능성이 있다는 점에서 발전된 개념이 문민통제(文民統制) 개념이다. 이것은 미국의 헌팅턴(Samuel P. Huntington) 교수가 주장한 것으로, 대통령이 군대를 통제하는 것은 분명하지만 현실적으로 충분한 지식을 갖기 어렵다는 점에서 국방과 군사에 관해서는 군대의 전문성(professionalism)을 존중하여 군의 건의를 승인해주거나 군에게 위임하는 방식으로 결정을 내리도록 해야 한다는 것이다. 단순하게 말하면 대통령이 국방장관을 임명하는 것은 분명하지만, 임명한 후에는 국방장관과 군 수뇌부가 대부분의 안보정책을 결정하도록 하고, 대통령은 이를 형식적으로 승인해야 한다는 것이다. 이렇게 함으로써 대통령의 정치적 판단과 군대의 군사적 판단이 조화를 이룰 수 있다는 것이다.

이러한 점에서 볼 때 대통령의 가장 중요한 임무는 북한 핵에 대한 효과적인 억제 및 방어태세를 마련할 능력이 있는 인사를 국방장관과 군 수뇌부에 임명해야 하고, 그들과 필요할 때마다 협의하여 군사적 합리성이 보장되는 결정을 내리도록 해야 한다. 앞으로의 대통령은 이러한 객관적 문민통제에 충실함으로써 국방에 관한 결정에서 착오가 발생하지 않게 해야 하고 군대가 자부심과 소명의식을 갖고 국방에 충실할 수 있도록 보장해주어야 할 것이다.

유권자가 국가안보의 향방을 결정한다

대한민국은 너무나 심각한 안보위기에 직면해 있다. 북한은 핵무기로 위협하고 있지만, 이에 대한 우리의 대비책은 매우 미흡하기 때문이다. 같은 민족에게 핵무기를 사용할 수 없을 것이라는 어리석은 생각에 사로잡혀 최악의 상황을 상정한 대비 조치조차 하지 않고 있다. 국론은 분열되어 있고, 정치판에서는 정권탈취를 위한 정쟁만이 난무하고 있다.

우리 세대는 민족 역사의 중단과 영속을 좌우할지도 모르는 중차대한 위기에 직면해 있다. 지금 우리가 안일하면 민족사 자체가 단절될 수 있다. 만약 북한이 핵전쟁을 시작하게 되면 민족의 유일한 터전인 한반도는 불모지대(不毛地帶)가 되고 말 것이다. 이러한 핵전쟁을 회피하는 길은 역설적으로 핵전쟁을 철저하게 연구하고 대비하는 것이다. 병을 고치고자 한다면 그 병에 대해 잘 알고 치료하려고 노력해야 하는 것과 같다. 북한의 핵 위협은 처칠이 말한 바와 같이 "피와 땀과 눈물"이 필요한 상황이고, 그 "피와 땀과 눈물"은 우리 국민 모두가 나눠서 부담해야 할 것이다. 이제 우리 모두는 현재의 국가안보 상황을 냉정하게 인식하고, 이로부터 우리의 안전을 보장할 수 있는 대책을 고민하고 실천해야 한다.

오늘의 안보위기를 극복하기 위해서는 당연히 정부·군대·국민의 삼위일체가 보장되어야 하지만, 현실적으로 가장 중요한 것은 국가안보를 중시하는 리더의 선택과 선택된 리더의 안보리더십 발휘다. 따라서 국민은 투표권을 행사할 때 대선후보가 안보리더십을 구비하고 있느냐의 여부를 가장 중요한 판단 기준으로 삼아야 한다. 경제는 '먹고사는 문제'이지만, 안보는 '죽고 사는 문제'라는 차원에서 후자에 소홀히 하는 사람은 경제발전 등 다른 분야에서 아무리 탁월한 역량을 갖고 있더라도 대통령을 비롯한 국가지도자로 선발해서는 안 된다는 명확한 인식을 가져야 한다. 국민이 그러한 인식을 가질 때 대통령을 비롯한 고위직을 지망하는 정치인들도 당연히 국가안보에 관한 충분한 자질과 역량을 구비하고자 노력할 것이다.

제7장

어떤 국군통수권자를 뽑을 것인가?

김충남

National Security Leadership

'전쟁이냐 평화냐'라는 구호에 또다시 선거판이 흔들릴 것인가?

2021년 8월, 북한 노동당 김여정 부부장과 통일전선부 김영철 부장은 컴퓨터 시뮬레이션 위주로 축소된 한미 연합훈련을 트집 잡으며 대남 위협 발언을 쏟아냈다. 북한은 9월 중순경부터 다섯 차례에 걸쳐 미사일을 발사하며 또다시 긴장을 고조시켜왔다. 이것은 북풍(北風), 즉 우리 대통령선거에 개입하기 위한 그들의 시나리오의 일환인지도 모른다. 적대세력의 선거 개입은 우리 민주주의를 파괴하기 위한 간첩침략인 것이다.

선거를 앞두고 북한의 대남 위협이 고조될수록 우리 사회 내에서 대북정책을 둘러싼 논란이 벌어질 수밖에 없다. 특히 중도보수 후보들과 보수정당이 북한의 위협은 물론 문재인 정부의 대북 유화정책을 비난하면 집권당 후보와 집권세력은 과거처럼 '전쟁이냐 평화냐, 공멸이냐 공존이냐' 같은 구호를 앞세우고 반격에 나설 가능성이 크다. 그런 가운데 정부는 남북정상회담 같은 이벤트를 재개하려는 움직임이 보이며 북한의 어떤 요구라도 들어줄 태세다.

과거 우리 선거에서 북한이 긴장을 조성하고 이를 해소한다는 명분으로 남북대화를 통해 보상을 챙겨왔듯이 이번에도 그럴 조짐이 보인다. 2022년 2월 중국 베이징(北京)에서 열리는 동계올림픽을 계기로 남북 정상회담 또는 남북미중 4개국 정상회담을 통해 종전선언 등 한반도 평화에 대한 '획기적 합의'를 도출함으로써 우리 대통령선거에 결정적 영향을 주려는 시나리오가 예상되고 있다.

그런 가운데 문재인 대통령은 최근 유엔 연설에서 중국이 포함된 '4자 종전선언'을 제의했고, 이에 대해 김여정은 "좋은 발상"이라며 화답했다. 뒤이어 김여정은 "북한은 종전선언과 함께 남북연락사무소 재설치, 남북 정상회담 등을 추진할 의향이 있다"고 하면서 남북 정상회담이 기정사실화되는 분위기다. 청와대도 베이징 동계 올림픽을 계기로 남북 정상회담이 열릴 가능성을 "열어놓고 있다"고 말했다. 김정은도 남북 통신연락선 복원 등 남북관계 복원을 언급하고 나섰다. 우리 사회 일각에서는 대통령선거를 앞두고 또다시 '평화쇼'를 벌리려 한다느니 북한이 과거처럼 우리 선거에 개입하려 한다느니 하는 비난이 나오고 있다.

지금의 상황은 2018년 6월 13일 우리 지방선거를 앞두고 남북 간에 갑작스러운 화해 무드가 조성되었던 것과 너무도 유사하다. 문재인 대통령은 2017년 후반부터 다음 해 2월 평창에서 열리는 동계올림픽에 북한의 참가를 거듭 요청했으며, 이에 화답하여 김정은은 2018년 신년사에서 평창 동계올림픽에 대표단을 파견하고 대화할 용의도 있다고 했다. 이에 따라 북한은 평창 동계올림픽에 북한의 형식상 국가수반인 김영남 최고인민위원회 상임위원장, 김여정 노동당 제1부부장 등 고위급 대표단을 파견하면서 남북관계가 급진전되었다. 그 연장선상에서 4월 27일, 판문점에서 남북 정상회담이 개최되었고, 우리의 지방선거 하루 전인 6월 12일 싱가포르에서 미국과 북한 간 정상회담이 개최되었다. 남북 화해 무드가 지방선거 분위기를 뒤덮으면서 집권당은 압승을 거두었다.

노무현 대통령도 임기 만료 몇 달을 앞두고 차기 대통령선거운동이 최고조에 달한 2007년 10월에 평양을 방문하여 정상회담을 개최한 바 있는데, 문재인 대통령도 노무현 대통령이 그랬던 것처럼 대통령선거를 앞두고 정상회담을 활용하려는 것으로 보인다. 남북연락사무소를 폭파하고 문재인 대통령을 향해 '삶은 소대가리', '특등 머저리' 등 막말을 해온 북한이 갑자기 남북관계를 회복할 용의가 있다며 정상회담을 통해 우리 선거에 영향을 주려는 것인지도 모른다.

왜 북한은 한국의 선거 때마다 안보위기를 조성한 후 남북대화에 나서는가? 왜 우리 사회는 안보위기가 조성되고 대북정책을 둘러싼 남남갈등이 일어나면 일부 정치세력이 "전쟁이냐 평화냐"라는 구호를 전가의 보도처럼 휘두르는가? 이것이야말로 북한의 대남 선거개입이고 특정 정치세력이 남북관계를 정치적으로 이용하고 있다는 증거가 아닐 수 없다. 되돌아보면, 민주당 정권은 중요한 선거 때마다 남북관계를 이용했고, 북한도 자신들에게 우호적인 세력의 선거에 도움을 주고자 우리 선거에 개입해왔다. 그야말로 남북 정권 간의 '주고받기'다. 북한은 우리 선거에 개입한 대가로 이득을 챙기고, 우리 진보정권은 선거 승리라는 정치적 이익을 노리는 것이다.

민주당 정권의 주된 관심은 북한과의 화해 협력이다. 그들은 어떤 일이 있더라도 전쟁만은 막아야 한다고 주장한다. "북한을 압박하면 전쟁이 일어날 수 있다"는 논리를 펴는 것이다. 북한의 위협에 대해 단호히 대응해야 한다고 주장하면, 그들은 "전쟁이라도 하자는 말이냐"고 응수한다. 이것은 김대중·노무현 정권 이래 그들이 계속 써먹었던 주장이다. 그들은 자신들을 '평화세력'으로 자부하는 동시에 반대세력을 '호전세력'으로 낙인찍었다. 한마디로 말해, 남북관계를 정치적으로 이용한 전형적인 **안보 포퓰리즘**이다. 안보 문제는 국민적 공감대가 필수적인데, 민주당은 안보 이슈를 국민 편가르기를 하며 선거에 이용해왔다.

되돌아보면, 민주당의 "전쟁이냐 평화냐" 구호는 유용한 선거전략이 되어왔다. 2002년 대통령선거 당시 노무현 후보의 주된 구호는 "전쟁이냐 평화냐?"였다. 2010년 5월 지방선거 당시에도 민주당의 선거 구호는 역시 "전쟁이냐 평화냐?"였다. 당시 여의도 문화광장에서 열린 한명숙 서울시장 후보, 송영길 인천시장 후보, 유시민 경기지사 후보의 합동기자회견에서 그들은 "전쟁이냐 평화냐, 공멸이냐 공생이냐"를 함께 외쳤다. 한명숙 후보는 "전쟁을 막겠습니다"라는 현수막을 내걸기도 했다.

"전쟁하자는 거냐?"는 민주당 구호는 그 후에도 계속되었다. 우리 국회의원 총선거를 앞둔 2016년 초 북한이 4차 핵실험을 강행하고 뒤이어 장거리 탄도미사일을 시험발사하면서 한반도 긴장이 고조되었다. 북한에 대해 포용과 압박을 병행한 '한반도 신뢰 프로세스' 정책을 추진해온 박근혜 정부는 북한의 핵실험 등 일련의 도발에 대응하여 개성공단 폐쇄, 미국과의 사드 배치 협상 선언 등 강경책으로 선회했다. 이에 대해 민주당의 문재인 전 대표는 자신의 페이스북에 "전쟁하자는 거냐?"며 정부를 맹비난했다.

2016년 9월, 북한이 5차 핵실험을 실시하여 핵탄두를 미사일에 장착할 수 있는 단계에 이르는 등, 한반도 안보 상황은 최악으로 치닫고 있었다. 그럼에도 2017년 5월 출범한 문재인 정부는 항구적인 한반도 평화를 구축하겠다며 대북 유화정책을 펴나갔다. 그해 광복절 기념사에서 문 대통령은 "모든 것을 걸고 전쟁만은 막겠다"고 선언했다. 그해 9월 북한이 6차 핵실험을 실시함으로써 한반도 긴장이 최고조에 달했을 때에도 문재인 정부의 대북 유화정책은 흔들리지 않았다. 대북정책에 대해 각계의 비난이 쏟아지자, 청와대 고위 관계자는 "지금 전쟁하자는 얘기는 아니지 않는가. 한반도에 또다시 전쟁이 일어나선 안 되는 것 아닌가"라고 반문했다.

최근에는 북한의 핵 위협에 대응하기 위한 방안으로 일부 국민의힘 후보들이 전술핵을 재배치하거나 나토 국가들처럼 미국의 핵을 공유하자는 주장을 했을 때 민주당의 이재명 후보는 "국민의힘은 한반도 평화세력인지, 전쟁세력인지 입장을 분명히 해야 한다"고 했다. 이처럼 민주당은 "전쟁이냐 평화냐"라는 안보 포퓰리즘에서 벗어나지 못하고 있다. 북한의 핵미사일, 장사정포, 방사포 등 가공할 무기들이 대한민국을 정조준하고 있다는 것은 엄연한 현실이다. 그럼에도 10년 전이나 지금이나 우리 사회에서는 '전쟁'은 거론해서는 안 되는 말처럼 여겨지고 있다.

북한이 핵무기 실전배치를 완료할 경우 그로 인해 미국이 한국을 포기한다면 우리의 운명이 노예처럼 사는 북한 주민처럼 되지 말라는 보장이 없다. 당장의 평화를 유지하는 것도 중요하지만 그보다 더 중요한 것은 미래의 참된 평화다. 나와 자식들의 미래가 끔찍하게 될지도 모르는데 "그래도 전쟁만은 막아야 한다"고 외치는 것이 과연 합리적인가? "전쟁하자는 것이냐"는 주장을 하는 사람들은 과연 지금까지 항구적인 평화의 길을 조금이라도 개척했는지 의문이다.

감상적 자주(自主)에 빠진 민주당 정권은 정치적 목적 때문에 북한에 대해 우호적인 정책을 펴왔지만 정작 돌아온 것은 북한 핵폭탄과 미사일뿐이다. 원칙도, 자긍심도, 전략적 구상도 없이 양보만 거듭해온 결과다. 역사적으로 유화정책이 성공한 적이 없다. 대북 포용정책이 북한의 핵 보유를 막지 못했는데도 그러한 정책을 고집한다면 결국 우리는 북한 핵의 노예로 전락할 수밖에 없다.

민주당 정권은 '평화 아니면 전쟁'이라는 단순 논리에서 벗어나지 못하고 있다. 전쟁의 반대가 평화의 보장일 수 없으며, 전쟁 억지 능력이 있을 때만이 평화가 보장되는 것이다. 전쟁이란 심각한 군사적 불균형 상태에서 일어난다. 따라서 외부의 위협을 억지할 수 있고 외침이 있을 때 격퇴할 수 있는 군사태세가 갖추어져 있어야만 전쟁을 방지하고 평화도 유지되는 것이다. 적대세력과 평화를 논의한다고 해서 전쟁을 막을 수 있는 것이 아니다. 북한과 협상하는 것은 필요하지만, 그 과정에서 우리 안보를 경시하거나 안보역량을 훼손시켜서는 안 된다는 것이다.

확고한 안보태세가 뒷받침되지 못한 상황에서 종전선언이나 평화협정의 추진은 참으로 위험한 도박이다. 2020년 3월 미국이 탈레반과 평화협정을 맺은 후 아프간에서 미군을 철수시키자 탈레반은 손쉽게 아프간을 장악했다. 1973년 1월 미국이 베트남전을 끝내기 위한 평화협정을 체결한 후 미군을 급속히 빼내자, 2년여 만에 월남은 공산화되었다. 이처럼 평화협정은 아무 쓸모없는 종이쪽지에 불과했다는 것이다. 북한은 핵미사일로 긴장을 고조시키며 미국과의 평화협정을 노리고 있는 것으로 보인다. 한반도에서의 종전선언과 평화협정은 미군 주둔의 명분을 허물어버릴 우려가 크다. 북한은 물론 중국, 러시아 등은 주한미군 철수를 주장할 것이고 국내에서도 주한미군 철수 주장이 난무할 것이다.

한국에서 한미동맹에 배치되는 정책과 반미운동이 노골화된다면, 미국은 한국 안보의 한국화를 내세우며 미군을 철수시킬지도 모른다. 1949년 6월 미군이 철수하고 나서 1년 만에 북한이 남침을 했다는 사실을 잊어서는 안 된다. 아프간 몰락 직후 미국《워싱턴포스트(The Washington Post)》의 한 칼럼니스트는 "주한미군이 철수하면 한국도 아프간 꼴 난다"고 경고한 바 있다. 아프간 사태의 교훈은 "자주 의지가 없으면 미국은 그런 나라를 지켜주지 않는다"는 것이다. 이와 관련해 바이든 미국 대통령은 "미국의 국익과 관계없는 다른 나라에 주둔하면서 분쟁에 휘말려 싸우는 과거의 실수를 반복하지 않는다"고 선언한 바 있다.

핵폭탄과 미사일로 무장한 북한을 용인한 상태에서 한반도의 평화는 '굴종의 평화'일 뿐이다. 완전한 비핵화 없이 한반도의 평화는 불가능하다. 그래서 한국이 북한 핵 문제의 당사자가 아니라는 인식은 참으로 위험하고 무책임한 발상이다. 상대방의 선의에 의지한 대화와 협상을 통한 평화는 언제든지 허물어질 수 있다.

북한의 핵을 머리에 이고 있으면서 평화가 왔다고 선언하는 것은 기만이다. 그것은 가짜 평화이고 쇼일 뿐이다. 우리가 '힘에 의한 평화'를 포기하지 않을 때 비로소 북한은 진정성 있는 협상에 나설 것이다. '힘에 의한 평화'는 한국이 우세한 군사력과 외교력을 가질 때만 가능하다. 북한의 완전한 비핵화에 운명을 걸어야 하는 것은 미국 대통령이 아니라 우리 대통령이어야 한다. 맹목적 포용정책이 아닌, 북한의 행태와 체제까지 변화시킬 수 있는, 상호주의에 입각한 대북정책으로 전환하는 것이 시급하다. 언제든지 깨질 수 있는 불안한 평화 대신 전쟁을 예방할 수 있는 안보태세를 구축하는 것이 우리 대통령에게 주어진 가장 중요한 책무다. 통일부는 평화와 통일을 외칠 수 있지만, 국방부는 군사적 대비태세와 힘의 우세를 확보할 수 있는 노력을 지속해나가야 하며, 그렇게 하도록 하는 것이 국군통수권자의 책임이다.

꼼꼼히 따져야 할 국군통수권자의 자격 조건

개인 차원에서 보면, 먹고사는 문제는 죽고 사는 문제, 즉 국가안보보다 더 중요하게 생각될 수 있을지 모른다. 그러나 대통령 후보에게 먹고사는 문제와 죽고 사는 문제 중 어느 것을 중시할 것이냐고 묻는다면 대답이 엇갈릴지도 모른다. 지난 몇 년간을 되돌아보면, 국민을 더 잘살게 하겠다고 공약했던 대통령이 오히려 국민의 삶을 더 고통스럽게 만들고 말았다. 경제는 시장 원리와 민간의 역량에 달린 것인데, 대통령이나 정부가 이를 외면하고 시장에 직접 개입하면 오히려 잘못될 수도 있다는 것을 우리는 뼈저리게 경험하고 있다. 그러나 안보는 대통령과 정부가 책임지지 않으면 누구도 책임질 수 없는 중대한 문제다.

지금 한반도 상공에는 수시로 미사일이 날아다니고 있어 지극히 위태로운 상황이지만, 과연 이번 대통령선거에서 안보리더십을 발휘할 수 있는 지도자를 선출할 수 있을지 의문이다. 왜냐하면, 2년간 계속된 코로나 사태, 최악의 경제난, 광범위한 청년실업, 부동산 대란, 복지정책 등을 둘러싼 논란이 선거 분위기를 지배하고 있기 때문이다.

그럼에도 우리 안보는 참으로 위험한 벼랑 끝에 몰려 있다. 따라서 우리 모두는 두 눈을 부릅뜨고 제대로 된 안보리더십을 발휘할 수 있는 지도자를 선별하지 않으면 안 된다. 선거는 대통령 한 사람만을 선출하는 것이 아니다. 국가를 이끌어나가고 국가안위를 책임질 팀을 선출하는 것이다. 대통령이 취임하고 나서 수천 명의 관리들을 임명하기 때문에 그의 배후 세력도 잘 따져봐야 한다.

손자(孫子)가 말하기를, "병(兵)은 나라의 대사(大事)로서, 사생(死生)의 땅이요, 존망(存亡)의 길이니, 살피지 않을 수가 없다(兵者 國之大事 死生之地 存亡之道 不可不察也)"고 했다. 쉬운 말로 옮기면, 전쟁이란 나라의 중대사로서 많은 사람들의 생사가 걸려 있을 뿐만 아니라, 나라가 존속하느냐 멸망하느냐 하는 문제이기 때문에 신중히 대응해야 한다는 것이다.

국가안보는 "강자는 이기고 약자는 진다"는 힘이 지배하는 영역이다. 대통령 후보들은 한국 안보가 직면한 도전들을 명확히 인식하고 이에 대처하기 위한 구체적인 안보전략과 정책을 공약으로 제시해야 하고, 유권자들은 이를 신중히 비교하여 판단해야 할 것이다.

우리는 대통령 후보 개개인에 대해 다음과 같은 질문들을 할 필요가 있다.

첫째, 한국이 직면하고 있는 안보위협을 제대로 인식하고 있는 사람인가?

둘째, 제대로 된 안보 대비태세를 구축할 의지가 있는 사람인가?

셋째, 그의 주변에 최고의 외교안보 전문가들이 있으며, 그러한 브레인들을 기용할 사람인가?

넷째, 한국 안보의 핵심 축인 한미동맹을 효과적으로 관리할 사람인가?

동시에 우리는 국군통수권자로서 결격사유가 있는지도 따져봐야 한다.

첫째, 해방 당시 남한에 주둔한 미군을 '점령군'이라고 인식하고 있는 사람이 아닌가?

둘째, 대한민국의 정통성에 의문을 가지고 있지 않는가? 한국이 유엔이 인정한 한반도의 유일한 합법정부라는 것을 부정하고 있는 사람은 아닌가?

셋째, 미전향 주사파 출신이거나 그러한 세력과 긴밀한 관계를 유지해오지는 않았는가?

넷째, 북한의 위협을 과소평가하고 있지 않는가?

다섯째, 실패로 끝난 기존 대북정책을 계승하려는 것은 아닌가?

여섯째, 국가안위가 걸린 외교안보 문제를 진영논리와 정치논리로 접근할 사람이 아닌가?

일곱째, 한미동맹을 부정하거나 약화시킬 우려가 있지는 않는가?

마지막으로, 통일우선론에 빠져 북한의 연방제 통일을 수용할 우려가 있는 사람은 아닌가?

이번 대통령 선거가 대한민국의 운명을 좌우할 만큼 중대한 선거라는 인식을 분명히 해야 한다. 우리 모두 자기 가문 살림을 맡을 집사를 고르듯 다음 대통령도 신중히 골라서 더 이상 후회하는 일이 없어야 할 것이다.

아니야,
문제는
안보리더십이야

초판 1쇄 인쇄 2021년 10월 21일
초판 1쇄 발행 2021년 10월 27일

지은이 2030안보연구회
펴낸이 김세영

펴낸곳 도서출판 플래닛미디어
주소 04029 서울시 마포구 잔다리로 71 아내뜨빌딩 502호
전화 02-3143-3366
팩스 02-3143-3360
블로그 http://blog.naver.com/planetmedia7
이메일 webmaster@planetmedia.co.kr
출판등록 2005년 9월 12일 제313-2005-000197호

ISBN 979-11-87822-63-9 03390